U0151503

咖啡烘焙师手册

[美]伦·布劳特 LEN BRAULT 著 张焕菊 译

中国轻工业出版社

图书在版编目（CIP）数据

咖啡烘焙师手册 /（美）伦·布劳特（Len Brault）
著；张焕菊译. —北京：中国轻工业出版社，2023.1
ISBN 978-7-5184-4153-2

Ⅰ. ①咖… Ⅱ. ①伦… ②张… Ⅲ. ①咖啡—烘焙—
手册 Ⅳ. ①TS273-62

中国版本图书馆 CIP 数据核字（2022）第 183741 号

责任编辑：方　晓

策划编辑：江　娟　史祖福　方　晓　责任终审：劳国强　封面设计：伍毓泉
版式设计：锋尚设计　　　　　　　责任校对：朱燕春　责任监印：张　可

出版发行：中国轻工业出版社（北京东长安街6号，邮编：100740）

印　　刷：北京博海升彩色印刷有限公司

经　　销：各地新华书店

版　　次：2023年1月第1版第1次印刷

开　　本：720×1000　1/16　印张：10.25

字　　数：210千字

书　　号：ISBN 978-7-5184-4153-2　定价：68.00元

邮购电话：010-65241695

发行电话：010-85119835　传真：85113293

网　　址：http://www.chlip.com.cn

Email：club@chlip.com.cn

如发现图书残缺请与我社邮购联系调换

210196S1X101ZYW

献给
我温柔耐心的妻子——珀尔，
感谢她给予的支持和明智建议。

大型工业烘焙机正在
将刚烘焙好的咖啡豆
倒入冷却托盘里

目 录

引 言

最早的记忆之一便是母亲炉子上玻璃滤壶里熬煮咖啡所散发出的美妙香气。当然，这种饮料是给成年人喝的，那时的我从来没喝过。16岁时，我的第一份工作是在安东洗衣店，旁边是友好餐厅。那时候我突然意识到，我已经是一个青少年了，也许真的应该试试喝咖啡。我从友好餐厅买了一杯加了一半牛奶、一半奶油和糖的咖啡，喝了一小口，从此就对咖啡着了魔。

这些年来，我喜欢经常光顾有创意的咖啡店，比如马萨诸塞州的咖啡连锁店。当它被一家大型企业集团收购，变成了出售充满焦苦味、风味单调咖啡的咖啡店时，我对此感到惋惜。我想，我只能靠自己了，因此我经常去逛进口商店，并尝试把卡里贝咖啡、布斯特洛咖啡、梅利塔咖啡和拉瓦扎咖啡混合在一起。总的来说，我的员工和我自己都对办公室咖啡感到满意。然而，随着时间的推移，似乎越来越难找到品质上乘的咖啡了。

2005年，我了解到一个很受欢迎的越南咖啡品牌，并成为其在美国和加拿大的独家在线分销商。我跟一个出色的菲律宾人结了婚，她向我介绍了巴坦加斯当地的利比里亚咖啡（巴拉科咖啡），然后我开始专门从菲律宾、越南、印度尼西亚、缅甸等地进口东南亚咖啡。我发现，这些地区的咖啡种植还没有受到美国咖啡联合公司的太多干预，也就是只对一个咖啡品种进行杂交和标准化。那里的咖啡种植者种的是更加古老、品种更加多样化的咖啡。这很重要，因为在当前气候变化的时代，单一栽培只会导致更多的咖啡枯萎病发生，甚至可能导致整个基因品系的灭绝。

我是那种无法忍受自己对喜爱的东西一无所知的人。所以，我开始研究、学习和旅行，尽我所能学习关于咖啡历史、栽培和冲泡的一切。我开始意识到，咖啡作为世界上第二大贸易商品，它有巨大的潜能，可以改变全球10多亿人的经济状况。只要每年喝掉咖啡最多的美国消费者能实践负责任的消费习惯，就能促成正向的改变。因此，将我的知识传授给消费者，希望将咖啡的乐趣带入消费者的生活，并帮助这种美妙饮料的生产者提高其生活水平，成了我个人的使命。

在这本书中，我努力回忆我遇到的所有问题，以及我第一次学习烘焙时所做的决定。我列举了每个想要烘焙的人所关心的问题——无论是使用爆米花机还是大型商业烘焙机——并提供了其他地方无法获得的知识体系。希望你在阅读这本烘焙手册时，能像我写它时一样享受！

由咖啡樱桃、咖啡生豆和烘焙咖啡豆组成的彩虹

一位咖啡种植者展示手上
的咖啡枝条，上面结满了
成熟度不同的咖啡樱桃

第一部分

了解咖啡

一幅描绘巴西咖啡种植园
场景的复古插图

第一章
咖啡简史

古代咖啡历史
——精神治疗师、罗马人和穆罕默德

长期以来，咖啡在人类史上一直是一个有争议的话题。英国国王查理二世、奥斯曼帝国的穆拉德四世，甚至亨利·福特①都曾试图在他们的帝国和企业禁止咖啡。而教皇克莱门特八世、拿破仑·波拿巴以及约翰·亚当斯总统却推崇咖啡这种饮料。如今，全世界每天大约消费10亿杯咖啡，但大多数消费者对咖啡的认识局限于去哪里买咖啡和如何冲泡咖啡。

烘焙咖啡的人则有义务了解更多——不但是为了他们自己的利益，也是为了那些可能会来享受他们烘焙咖啡的人。让我们从头说起吧！

咖啡是全球第二大贸易商品。石油是第一大贸易商品，有"黑金"之称。但实际上，咖啡也是黑金。全球有1700万以上的咖啡种植者，咖啡为近10亿人提供了生计。仅美国人一年就消费约1400亿杯咖啡。这种不起眼的植物，是如何在世界上拥有了举足轻重的力量？

公元850年，埃塞俄比亚牧羊人卡迪在牧羊时，观察到他的山羊在咀嚼咖啡叶片和果实后出现了兴奋行为，进而"发现"了咖啡。这个广为人知的

---

① 亨利·福特：美国汽车工程师与企业家，福特汽车公司的建立者。以下无特殊说明，注释皆为译者注。

传说如今仍在被四处传诵，就像历史事实一样。没有人知道这个被美化的神话起源。在那之前，牧羊人已经在这片土地上生活了数百年，在那个时期，咖啡是野生的。而到处游走的山羊居然花了数百年的时间才突然发现咖啡丛的果实美味而刺激，这实在令人怀疑。

有关咖啡知识和用途最早的记载是作为药物。公元200年到400年的石板图画表明，精神治疗师和医学家在治疗过程中使用咖啡树的叶片和果实。据记载，公元前几个世纪，罗马士兵在上战场前会嚼咖啡果实"果干"以获取能量和营养。穆斯林文献中记载，大天使加百列把第一颗咖啡豆送给穆罕默德（大约公元600年），以便给他提供治疗的能力，这表明咖啡的药用价值在当时很可能得到了公认。

咖啡烘焙

虽然没有关于第一次烘焙咖啡的可靠记载，但在早期烘焙和饮用咖啡的历史上，流行的方法主要是烘烤和火烤。烘焙后，咖啡豆经磨碎并在锅中煮沸。大部分的烘焙并不发生在咖啡豆的产地。未烘焙的咖啡生豆被运到很远很远的地方。当欧洲人在16世纪进入咖啡贸易后，咖啡豆被海运贸易船只从原产地带回欧洲的加工厂。咖啡豆到达欧洲后，在出售和冲泡前大多以生豆的状态储存。

数百年来，消费者和咖啡店都是自己烘焙咖啡。当时，在原产地之外，"绿色"咖啡生豆实际上是典型的白色或淡黄色。这是由于咖啡豆在海上

一幅描绘咖啡（咖啡植物）叶片、花朵和浆果的复古插图。另外的咖啡豆插图展示了完整的咖啡豆及其剖面。
1. 咖啡枝头
2. 咖啡果实
3. 咖啡果实横切面
4. 咖啡生豆

描绘人们在咖
啡摊上买咖啡
的经典场景

航运时遇到了"季风"，使储存在露天货舱和仓库中的咖啡豆暴露在风、雨、酷热和潮湿的环境中。这导致咖啡豆吸水膨胀，呈现出独特的霉味和味道特征，并改变了颜色。然而，这种陈化也减少了咖啡的酸味和苦味，总体情况并不令人反感。季风咖啡是几个世纪以来非洲以外的国家最先接触到并为之着迷的咖啡口味。

这些颜色苍白、密度较低的咖啡豆通常每天由咖啡店的供应商进行平底烘焙或明火烘焙，然后研磨并为顾客冲泡。消费者也会把小纸袋装的咖啡生豆带回家自己烘焙，或者每天去烘焙师那里购买预装好的小袋烘焙咖啡豆。

咖啡征服了全球的热带地区

1610年，荷兰人建立了一个全球咖啡贸易市场。1696年，荷兰人设法从阿拉伯人手中偷走或哄骗到了咖啡植株，并将它们带到印度尼西亚。东窗事发后，咖啡最终还是沿着预先建立的贸易路线被带到了南美洲和加勒比海地区。

所有主要的殖民国家都认为咖啡是一种经济作物。咖啡一被带离原产地，其种植就在全世界30多个国家兴起。鸟类和哺乳动物在吃下这种美味的果实后，种子便随着它们的粪便排泄到较远的肥沃土地上，进而使咖啡传播得更远。通过这种方式，咖啡在非洲的热带地区传播开来，后来传遍全球。咖啡适合在富含硼和锰元素的高海拔火山土壤中生长。迄今为止，已有125种不同的咖啡被编入目录，但只有四种咖啡在商业化种植中常见——阿拉

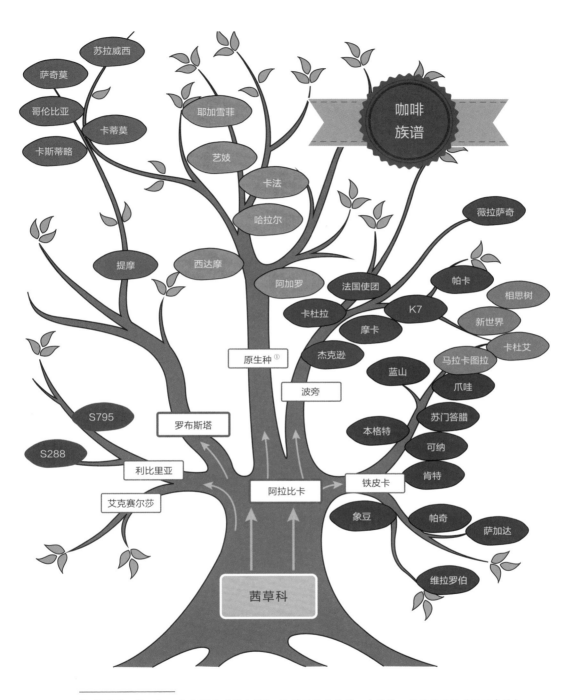

咖啡族谱

苏拉威西
萨奇莫
哥伦比亚
卡蒂莫
卡斯蒂略

耶加雪菲
艺妓
卡法
哈拉尔

提摩
西达摩
阿加罗

薇拉萨奇

法国使团
帕卡
相思树
卡杜拉
K7
新世界
摩卡
卡杜艾
杰克逊
马拉卡图拉
蓝山
爪哇
波旁
苏门答腊
本格特
可纳
肯特

原生种①

S795
罗布斯塔
S288
利比里亚
艾克赛尔莎
阿拉比卡
铁皮卡
象豆
帕奇
萨加达

维拉罗伯

茜草科

——————

① 原生种："heirloom"翻译为"原生种"，这并不是咖啡的一个品种，而是涵盖了（2000多种）没有命名的咖啡豆的统称。

比卡咖啡、罗布斯塔咖啡、艾克赛尔莎咖啡和利比里亚咖啡。

就产量和贸易机会而言，最成功的种植有四个基本地区：印度尼西亚、印度支那（即现在的越南、老挝和柬埔寨三国）、巴西和菲律宾。19世纪末，法国耶稣会会士在印度支那建立了种植园。荷兰东印度公司在印度尼西亚建立了大型种植园，而西班牙人将咖啡带到了菲律宾和加勒比海地区。葡萄牙人把咖啡带到了巴西。与此同时，波多黎各在咖啡种植上取得了成功。他们的咖啡被戏称为"教皇和国王的咖啡"，因为波多黎各的咖啡质量非常高，因此进入了欧洲许多皇家宫廷和罗马的梵蒂冈。

咖啡物种起源

从基因上讲，咖啡对环境的适应性很强，自然突变使其得以传播和生存。埃塞俄比亚人和荷兰人所种植的原始阿拉比卡种（*Coffea Arabica* L.）及其亚种实际上并不是最早发展的品种。目前，人们认为咖啡的祖先与罗布斯塔咖啡（卡内弗拉种*Coffea canephora*）最为相似。阿拉比卡种似乎是卡内弗拉种（*Coffea canephora*）和尤金尼奥德斯种（*Coffea eugenioides* S）的杂交品种，尤金尼奥德斯种（*Coffea eugenioides* S）只在少数地方生长，比如塞拉利昂。最初的罗布斯塔咖啡是在东非海岸中部发展起来的，可能是在马达加斯加和留尼汪岛等现在离海岸很近的岛屿上，那里的罗布斯塔品种仍然占主导地位。

世界咖啡生产大国的统计数据

国家	产量（吨）	最普遍品种
巴西	2,500,000	阿拉比卡，罗布斯塔
越南	1,600,000	罗布斯塔，阿拉比卡，艾克赛尔莎
哥伦比亚	800,000	阿拉比卡
印度尼西亚	600,000	阿拉比卡，罗布斯塔
埃塞俄比亚	380,000	阿拉比卡
洪都拉斯	350,000	阿拉比卡
印度	350,000	阿拉比卡，罗布斯塔
乌干达	290,000	阿拉比卡，罗布斯塔
墨西哥	230,000	阿拉比卡，罗布斯塔
危地马拉	200,000	阿拉比卡

以上为 2018 年的数据；排名易受天气和政治事件的影响而改变。

咖啡近况

咖啡作为一种商品，代表着全球变革的独特机遇。它是全球经济的重要组成部分，并对数十亿英亩的土地造成了环境影响。如今，我们在种植、进口、烘焙、冲泡和供应咖啡方面所做的选择有着巨大的影响。与其他商品不同，咖啡有数百万的小生产者。种植者和消费者在个人层面上做出的选择可以真正改变世界，使其变得更好或更糟。

上页是关于世界咖啡生产大国的统计数据，显示了咖啡每年是如何在全球传播的。

谁在喝咖啡

答案可能会让你大吃一惊。对于大多数大批量需求，小规模种植者根本无法提供所需的数量和价格。较大的种植园，通常被称为工厂化农场，满足了大部分的大批量需求。

在美国，40%的咖啡是在政府运营的组织或机构中消费的，包括军队和监狱。这些咖啡通过招标采购，通常只是确保咖啡合乎卫生标准（没有污染物或病害），而不会过多关注咖啡品质。

另有35%的咖啡（通常不符合精品等级）出售给酒店供应商和大型零售商。

约15%用于萃取或调味，而不会用来做滴滤式咖啡。这些咖啡不是精品咖啡，但通常是B级或其他质量和口味都不错的咖啡。

虽然精品咖啡在美国消费的咖啡中所占比例不到10%，但从小型种植者的利益角度来说，涉及数十亿美元，我们需要关注这个方向。

哥伦比亚马尼萨雷斯
附近的咖啡种植园

放在送料槽里准备
烘焙的咖啡生豆

第二章
咖啡生豆

位置和栽培

在不同海拔高度、不同地形的地方都有咖啡种植，有生长在偏远丛林野生灌木中需要手工采摘的咖啡樱桃，也有生长在阳光充足、有数百英亩耕作土地大型种植园里的咖啡樱桃。

野生的咖啡通常生长在森林里光照比较充足的地方。咖啡喜欢大量的阳光直射，但因为咖啡很容易干旱，所以首选水源丰富和土壤疏松的地方。由于硼和锰是咖啡生长所必需的微量元素，所以咖啡在富含矿物质的火山土壤中生长得很好。

原始的阿拉比卡咖啡种生长在荫蔽处，并且需要土壤一直保持湿润，但咖啡喜欢阳光。所以它在自然环境中找到了折中办法——生长在那些阳光强烈但土壤有足够荫蔽能够在干旱的月份保持湿润的地方。能够灌溉咖啡的种植者可能想在阳光直射的地方种植咖啡，以最大限度地促进咖啡的生长，他们也可能会选择抗旱能力更强的杂交品种。阳光充足是一种非自然的环境，在空旷土地上耕种的农场减少了本土动植物的栖息地，砍伐（清除所有现有的树木和植被）增加了土地暴露在自然环境中的机会，但可能因为径流而对环境造成影响。农药和化肥的使用则会造成土壤污染。

一只红领带鹀

一种黑白相间的特古蜥蜴，在巴西森林包括咖啡种植园内自由游荡的众多生物之一

荫蔽栽培咖啡与日照栽培咖啡

荫蔽栽培咖啡看起来是一个很好的解决方案。当我们听到"遮阴种植"这个词时，会联想到充满野生动物的茂密丛林，咖啡就在那里自然生长。但它真正的意思是，咖啡需要经过至少20%的遮阴，才可以达到"遮阴种植"这个术语的行业要求。行业要求中并没有提到需要什么类型的植物提供遮阴。咖啡种植者通常会种植三层植物：第一层是咖啡树，第二层通常是柿子或其他常见中等高度的阔叶树，最上层可能是鳄梨或坚果树。这种模式为咖啡种植者提供了多种作物，提高了土地利用效率。但对于当地的动物来说，这是一个完全不自然的环境，它们往往会回避这些提供很少居住机会的小树林。

哥伦比亚安蒂奥基亚省布埃纳维斯塔附近起伏的山峦，遍布着咖啡和香蕉种植园

哥伦比亚咖啡种植园里绵延起伏的山丘

一位尼加拉瓜当地种植者正在咖啡种植园的土地上耕作

在适宜环境中生长的健康咖啡树不需要化肥或杀虫剂。咖啡因是一种天然杀虫剂，大多数咖啡树如果足够强壮的话，生长速度甚至可以超过毁灭性枯萎病带来的破坏。

我在使用这种遮阴种植方法的咖啡农场里漫步，没有看到任何野生动物。然后，到了晚上，我看到蜂鸟和其他小动物从很远的地方飞来吃农舍的水果和鲜花。

在巴西米纳斯吉拉斯州的波苏斯迪卡尔达斯，一些咖啡种植者使用了不同的方法。他们在各个被保护的热带雨林之间建立了一个农场棋盘，将这些类型的土地错开在适当大小的地块上，野生动物栖息在咖啡植物附近，白天在咖啡树丛中觅食。当我在田野间漫步时，我观察到几十种鸟类和小动物在咖啡树丛间飞来飞去或徘徊。

想要知道一个种植者是不是一个好的土地管理者，购买咖啡时，就要多了解咖啡种植者以及他们如何利用自然环境。这会比包装上的一句标语告诉你的多得多。

苗圃：种植幼苗

通常情况下，在保护地让种子发芽生长，或将枝条扦插在小盆里使其生根。头顶和两侧的透明塑料防水布可以防止极端天气的影响。苗圃往往是阶梯式的，并分层平整，以适应土地水平的变化和灌溉渠道或水管供水。尽管采取了谨慎的措施，苗圃仍然很容易被洪水或暴风摧毁。

如果咖啡苗成长得很好，它们就会被移栽到地里，通常与其他成年咖啡树混种在一起。对于小型咖啡种植者来说，尝试每年种植2万棵幼苗并不罕见。咖啡树通常要到第三个生长季节才会结出大量的果实。

苗圃中一排一排的
阿拉比卡咖啡幼苗

新鲜咖啡樱桃不同的状态：完整的，
对半切开的，露出黏液的咖啡生豆

咖啡豆的解剖

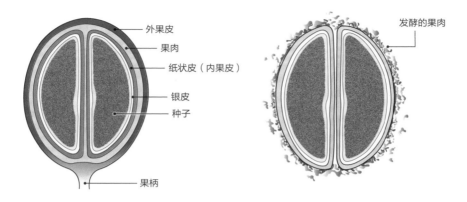

- 外果皮
- 果肉
- 纸状皮（内果皮）
- 银皮
- 种子
- 果柄
- 发酵的果肉

- 银皮黏液

什么是咖啡豆

　　咖啡是核果，像樱桃、李子和桃子一样。这种颜色鲜艳的水果被称为咖啡樱桃，有外皮和多汁的果肉。在果肉下面是一层黏液，一层羊皮纸，一层围绕着果核或种子的外壳。通常，种子在发育过程中一分为二。所以每个果实都有两颗种子，每颗种子都因为相互挤压而变平。有一小部分种子不会分裂，并且由于类似豌豆的形状和大小，被称为圆豆。

　　在咖啡树生长和成熟过程中，它获取太阳的能量，将通过根部吸收的营养输送到叶片和果实中。当太阳落山后，植株将糖分和其他物质交换回土壤中，而果实或叶片在夜间生长。

　　大多数咖啡种植区有旱季和雨季。在旱季开始的几周内，成熟果实的含糖量会达到巅峰，这是由于汁液带给果实的淀粉被转化成糖分。之后，当咖啡被烘焙时，果实中的糖分会影响豆子的风味。糖分越多，咖啡在烘焙过程中"褐变"和焦糖化程度就会越高，从而产生更浓郁的风味。

刚采摘下来，正在
干燥的咖啡豆

最初的采摘和加工

阳光下晾晒的咖啡豆

采摘非常耗时耗力。如果咖啡不及时采摘，就会过熟腐烂。

那些咖啡没有得到公平价格的种植者经常会让自己的孩子来采摘咖啡，这导致孩子们缺失了相当多的教育。向咖啡种植者支付公平的价格可以提高整个社区的经济水平：他们有能力支付临时工的工资，孩子们也可以继续上学。

那些在咖啡成熟季节细心地多次采摘成熟咖啡樱桃的种植者，通常会得到一些微批次①咖啡。这些微批次咖啡可能会用不同的方式处理，在最初的干燥和发酵过程中，留下部分或全部的果肉和/或

---

① 微批次：在一批本来就已经表现不错的豆子里，再进一步选出表现最为优异的豆子。

果皮。这被称为"蜜处理"，这个过程增加了咖啡豆的甜度和风味。

如果咖啡种植者不自己干燥咖啡果，采摘的咖啡果就会被尽快运送到合作社或加工厂。在那里，所有咖啡果被放到水里，通过其漂浮状态以分离成熟和未成熟的咖啡果。成熟果会沉下去，而未熟果大多会浮起来，被捞起剔除。

将咖啡樱桃加工成咖啡豆需要将种子与其他部分分离，并将它们干燥，直到能够稳定地储存、运输和烘焙。完成这项任务的方法因可用的设备、天气和所需的口味而异。

接下来的程序，根据处理方法不同而有所差

咖啡樱桃在自然日晒处理过程中被摊平

异。在干燥或"自然"处理过程中，咖啡樱桃要经过几个小时的精心发酵，然后放在阳光下晒干。在湿法处理过程中，咖啡樱桃会被洗掉果皮和果肉，然后放到户外有盖的托盘里晒干。当室外天气或设施不足以使咖啡豆干燥时，可以使用窑炉。与晒干的咖啡豆相比，窑干咖啡豆的风味通常不够浓郁。

咖啡豆必须经常搅拌才能干燥均匀。当它们达到最佳含水量时（通常约为11%），会立刻被装进袋子以稳定湿度。一旦这批豆子被稳妥装袋后，新一批的咖啡豆就会被摊开晾干，这个过程会重复很多次，直到所有收获的咖啡豆完成干燥处理。

在这一阶段，咖啡豆仍然有外壳（通常称为"羊皮纸"），这是包裹在豆子周围的一层易碎的外皮。羊皮纸可以通过捣碎或研磨从干豆子上去除。一旦将这层羊皮纸去掉，豆子就会看起来像我们熟悉的咖啡生豆了。这些豆子被装进帆布袋，并标上产地、品牌、年份和其他相关信息。豆子被储存在帆布内部的塑料袋中进行储存和运输，以防沾染不必要的湿气。如果你买的豆子没有做内部防潮处理，你应该立即将豆子重新装入密封的袋子或箱子。

湿处理，干处理，蜜处理，都代表什么意思？

处理方法对咖啡的最终风味有显著影响。例如，干燥或自然处理的咖啡豆因为会有大量时间接触其果肉和果皮，吸收了果味，散发出黑糖和蜂蜜的味道，并且具有更强烈、更饱满的口感。相对的，水洗咖啡与果肉和果实接触的时间较少，会产生坚果、香料或巧克力的味道。

湿处理/水洗处理

咖啡樱桃通过一台碾磨机进行碾磨，碾磨机将果实切开，洗去果皮和果肉，然后将带有黏液和果壳的咖啡豆放入一个盛装桶。黏液覆盖的豆子类似于非常大的番茄种子。

大多数加工厂在中心位置使用大型机械。然而，现在许多小型咖啡种植者都在使用小型的便携式碾磨机，他们把碾磨机从一个农场运到另一个农场，而不是把易碎易腐烂的咖啡果运到城里使用大型碾磨机。一个便携式碾磨机可以为相邻地块的2~10名咖啡种植者服务。

干燥处理/自然处理

还包裹在整颗果实里的咖啡生豆，会在一处暂存区域等上几个小时，然后摊开在太阳下晾晒（如果天气合适的话）。这个过程比先把果皮和果肉去掉要花更长的时间。在这段额外的时间里，果肉和果皮中的糖分和营养物质会被豆子吸收，对风味和甜度产生影响。晒干后的咖啡果会进行机械脱壳，裸露的豆子会在阳光下或窑里再次干燥。

水洗/蜜处理

利用干湿处理的原理，让部分果肉残留在外壳上的咖啡豆自然干燥，这会提高豆子的糖分，进而转化为发展更高的水果和焦糖风味。

脱壳

脱壳就是去掉外壳和羊皮纸，通过湿处理或干燥处理均可完成。在晴朗阳光持续时间长的旱季，大多数咖啡豆是带着羊皮纸晒干的。在潮湿的气候

干燥方法

干燥咖啡果有很多不同的方法。每一种方法都会赋予咖啡生豆不同的风味或品质。方法的选择往往是由气候条件决定的，种植者可酌情结合使用以下步骤。

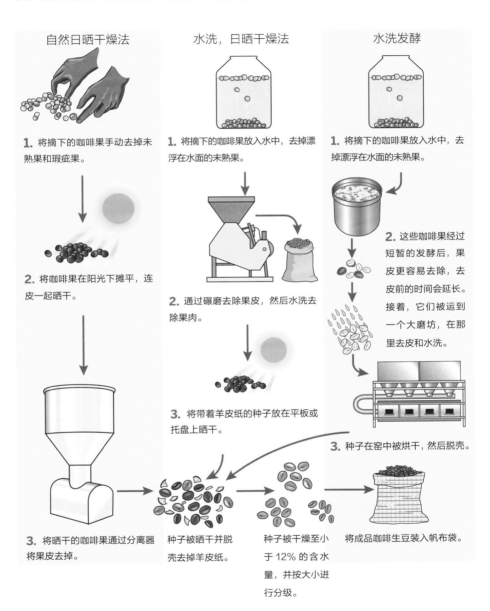

自然日晒干燥法

1. 将摘下的咖啡果手动去掉未熟果和瑕疵果。

2. 将咖啡果在阳光下摊平，连皮一起晒干。

3. 将晒干的咖啡果通过分离器将果皮去掉。

水洗，日晒干燥法

1. 将摘下的咖啡果放入水中，去掉漂浮在水面的未熟果。

2. 通过碾磨去除果皮，然后水洗去除果肉。

3. 将带着羊皮纸的种子放在平板或托盘上晒干。

种子被晒干并脱壳去掉羊皮纸。

水洗发酵

1. 将摘下的咖啡果放入水中，去掉漂浮在水面的未熟果。

2. 这些咖啡果经过短暂的发酵后，果皮更容易去除，去皮前的时间会延长。接着，它们被运到一个大磨坊，在那里去皮和水洗。

3. 种子在窑中被烘干，然后脱壳。

种子被干燥至小于 12% 的含水量，并按大小进行分级。

将成品咖啡生豆装入帆布袋。

下，例如苏门答腊岛，比较好的做法是湿刨处理，因为这样在阳光下处理成咖啡生豆所需的时间更少。羊皮纸在豆子完全干燥之前会被去掉（通常是含水量在20%～24%之间的时候）。然后咖啡豆将会通过机器或太阳干燥至12%的含水量。

我之所以在此处提到这些术语，是因为某些产地（特别是印度尼西亚），会特别强调他们的脱壳方法。湿刨处理法的咖啡豆风味美妙浓郁、充满泥土芬芳，这是因为在户外干燥时，阳光会将残留果肉的味道融入咖啡豆中。了解这些细节对挑选咖啡豆很有帮助。这种湿刨处理法通常会使咖啡豆变成深绿色、几乎带点蓝色，并且由于果实内潮湿的豆子暴露在炎热的阳光下，咖啡豆尖端经常会开裂。不过，在室内用滚筒加热烘干的湿刨处理咖啡不会有这种细微的风味差异。

咖啡品种

在北美，我们不断遭受轰炸式宣传，被告知阿拉比卡咖啡豆优于其他所有品种，尤其是罗布斯塔。可以肯定地说，美国咖啡店里99.9%的咖啡都是阿拉比卡咖啡。这意味着如果你今天喝了一杯劣质咖啡，那就是阿拉比卡咖啡。如果你今天喝了一杯很棒的咖啡，那也是阿拉比卡咖啡。咖啡味道的优劣，不仅仅是由咖啡品种决定的，与咖啡的种植方式、海拔高度、加工质量以及冲泡咖啡的方式也有关。

至今，仍有四种商业咖啡品种存在：阿拉比卡（52%）、罗布斯塔（41%）、艾克赛尔莎（6%）和利比里亚（1%）。不同的品种在不同的环境中各有独特的栽培优势，每一种都在拼配咖啡或意式浓缩咖啡、速溶咖啡、萃取物中带来独特的好处。如果种植得当、加工得当、供应得当，这四个品种的咖啡都很美味。虽然艾克赛尔莎和利比里亚的咖啡产量较低，但请记住，全球每年生产数千万吨咖啡，因此即使只有7%的咖啡，产量也是很多的。

世界范围内生产的绝大多数咖啡都不是为别具眼光的消费者准备的。只有不到10%的咖啡符合精品咖啡的标准。剩下的咖啡用于萃取物、速溶咖啡，卖给政府机构（包括军队和监狱）以及其他要求不那么高的市场。

阿拉比卡是最常见的咖啡品种，并有最多的亚种。阿拉比卡的适应性突变率很高，当这些突变适用于需要时，就会被命名，并进行种植产生一致的谱系。阿拉比卡通常更脆弱，在不适宜的条件下容易生病或死亡。人们因此开始对其进行基因改造，通过实际的基因操作或者通过嫁接其他品种到谱系上。由于大量的栽培和操作，阿拉比卡比其他品种有更可靠的遗传和谱系信息记录。

罗布斯塔虽然在北美口碑不佳（通常被评价尝起来像"烧焦的橡胶"），但优质的罗布斯塔口感顺滑、醇厚，酸味和苦味较低。它的名声受损是由于美国咖啡专家和博客作者们没有品尝过高质量的罗布斯塔咖啡，他们倾向于发表关于它的负面信息。罗布斯塔是劣质咖啡的说法源于20世纪90年代，当时越南以一种短视的急功近利行为，不恰当地种植罗布斯塔咖啡，并将其一次性倾销到全球市场。北美咖啡公司在他们的超市品牌咖啡中使用廉价的咖啡，导致很难找到一杯像样的超市咖啡。当咖啡

一个简单的事实：

目前存在的四种咖啡，都可以在适当的条件下生长而获得较高的精品咖啡杯测分数，这就是它们仍然存在的理由！

爱好者们寻找造成这种糟糕咖啡的罪魁祸首时，他们指责的是咖啡品种，而不是它的不当栽培。

在这次失败之后，越南重新学会了如何种植像样的咖啡。政府允许中原咖啡和高原咖啡等私人供应商重新建立更好的种植方法。此后，越南再次生产出精品级咖啡。虽然越南大部分的罗布斯塔咖啡仍是所谓的"交换级"，但他们在较好的种植区生产的罗布斯塔咖啡可以说是世界上最好的。

2009年，一位意大利咖啡顾问写了一本书，书中披露了一个令人惊讶的事实：自2005年以来，赢得约80%国际比赛的意大利浓缩咖啡含有来自越南达拉特地区的高品质、高海拔的罗布斯塔圆豆咖啡。不久之后，大多数比赛开始要求参赛者在拼配咖啡中标明咖啡品种。许多参赛作品都包含了所谓的"亚洲罗布斯塔"，这是达拉特罗布斯塔和源自印度的罗布斯塔的委婉说法。

利比里亚咖啡是最稀有的商业种植咖啡。它在咖啡的历史和基因组成中都非常重要。因此，在讨论咖啡品种时，它不应该被忽视。利比里亚比其他咖啡品种长得都高，对咖啡枯萎病有天然抵抗力。因此，在1890年前后发生的全球咖啡疫病中，利比里亚咖啡取代了菲律宾、马来西亚和其他地方的阿拉比卡咖啡。利比里亚咖啡芳香浓郁，带有一种让某些人讨厌和另一些人推崇的泥土芬芳。它在菲律宾被称为巴拉科咖啡，"巴拉科"有两种翻译方式。从字面意思上看，巴拉科是生活在菲律宾森林里凶猛的本土野猪。同时也是一个俚语，意为"硬汉"，指的是喜欢喝浓烈咖啡的强壮甘蔗园工人。

艾克赛尔莎被认为是从利比里亚发展而来的。

它有一种不寻常的香气，有些人并不喜欢，但它的味道极为平衡和干净，被用来作为主要的拼配咖啡以平衡其他咖啡的不足。艾克赛尔莎咖啡的杯测风味表现得非常优秀，但也因为它的特殊香气而无法广泛普及。

了解味觉以及为什么人们喜欢不同的品种和风味

为什么对优质咖啡的味道达成一致意见看起来如此困难？为什么有些人喜欢阿拉比卡咖啡，有些人喜欢罗布斯塔咖啡？为了理解美味咖啡为什么好喝，有两个基本问题需要了解：（1）人类的品尝器官（味觉）是如何工作的？（2）为什么不同品种的咖啡会带来不同的味觉？如果你理解了这些东西，你就在成为拼配大师的道路上了。

继续阅读时，请记住以下定义：

味觉： 在讨论味觉时，有两个意思。第一个字面意思是指口腔上颚；第二个是指人的品尝能力和喜好。

味蕾： 数千个微小的感受器，分布在舌头、嘴唇、口腔上颚后方等复杂的表面，甚至喉咙里面也有。味蕾的数量因人而异，这取决于健康状况、解剖结构和年龄。任何两个人之间的味蕾数量相差可达5倍，这并不罕见，在极少数情况下，数量相差可以接近100倍。

美国、加拿大和德国的研究机构进行的几项研究中，记录了惊人的味觉敏感度差异。

佛罗里达大学的一项研究确定了三个基本群体：15%的人属于"味觉缺陷者"，60%属于"味觉正常者"，25%属于所谓的"味觉超常者"，有些"味觉超常者"的味蕾可能会被某种特定的味道所淹没，以至于他们可能会体验到类似于疼痛的感觉。更复杂的是，某些味觉超常者，可能只对某些特定的味道敏感，如甜味或苦味。

软腭是上颚后方露出一部分的人类味觉器官，这个部位与大脑的连接方式也不同。酿酒师们会谈论酒在软腭上留下的印象。这对于咖啡拼配师来说，也是一个重要的考虑因素。前腭味觉感受器对酸度、香气和甜度的反应最好。这些特征在阿拉比卡咖啡中最为明显，因此"前腭"偏好的人会喜欢一杯好的阿拉比卡咖啡，并觉得罗布斯塔咖啡太苦或太平淡。软腭（或后腭）对醇厚度和苦味做出反应，比前腭能更好地保留味觉体验记忆。有"后腭"偏好的人会觉得阿拉比卡咖啡口感太稀薄、酸味太强，因此他们比较喜欢罗布斯塔咖啡或阿拉比卡/罗布斯塔杂交种咖啡，比如卡蒂莫和帝莫。

在我进行的1万多次盲品测试中，大约一半的测试者更喜欢阿拉比卡咖啡，另一半则更喜欢罗布斯塔咖啡。此外，在盲品测试中更喜欢罗布斯塔咖啡的后腭者，在进一步的测试中会始终选择符合后腭偏好的咖啡。他们不会选择纯正的阿拉比卡咖啡，除非它是罗布斯塔杂交种。他们也倾向于选择利比里亚和艾克赛尔莎咖啡，这两种咖啡的味道特征对前腭和后腭都不太敏感。有了这些信息，你将如何制作出一杯获奖的意式浓缩咖啡呢？首先，因为精品咖啡协会（SCA）和大多数杯测标准都是针对评价阿拉比卡咖啡而设计的，所以制作

味觉的构造

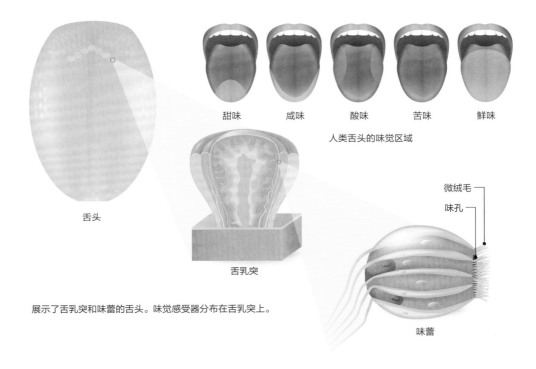

甜味　　咸味　　酸味　　苦味　　鲜味

人类舌头的味觉区域

舌头

舌乳突

微绒毛

味孔

展示了舌乳突和味蕾的舌头。味觉感受器分布在舌乳突上。

味蕾

迎合前腭偏好口味的咖啡是有利的。如果你想在标准点上获得高分，但又想凭借独特、令人难忘的形象脱颖而出，你可以使用阿拉比卡咖啡做基础，加入20%的罗布斯塔咖啡和一点艾克赛尔莎咖啡，以此来补充缺失的风味元素。对于以阿拉比卡风味作为评分基准，但通常都有个人喜好给分项目（10分）的评委来说，这种做法可以增加对他们的吸引力。尽管受过训练，评委中有一半人可能是后腭型，对多品种拼配咖啡反应良好。拼配咖啡真的可能会让每个人都喜欢，并额外获得一些评委的主观分数，而这可能就会让结果大大不同，因为冠军

人类的味蕾是大自然生物工程的奇迹。味蕾的数量和敏感性在不同的人种和族群中是不同的，这可能反映了自然迁徙与回避特定食物来源的现象。

咖啡生豆组成成分

纤维素	~ 33%
油 / 脂肪	~ 13%
蛋白质（氨基酸）	~ 11%
糖	~ 8%
绿原酸	~ 7%
矿物质	~ 4%
咖啡因	~ 1.5% ~ 2.5%
葫芦巴碱	~ 2%

咖啡熟豆组成成分（中度烘焙）

纤维素	~ 33%
油 / 脂肪	~ 13%
蛋白质（氨基酸）	~ 9%
糖	~ 4%
绿原酸	~ 2%
矿物质	~ 4%
咖啡因	~ 1% ~ 2%
葫芦巴碱	~ 1%

通常只比其他选手高出1～3分。

如果你只是想取悦自己和朋友，而不是为了参加国际比赛夺冠，可以尝试用不同品种或亚种的咖啡豆做一些试验，来了解你受众的口味偏好。了解人类味觉的多样性，最重要的就是要认识到，没有任何一种咖啡（某个产地或某个品种）能够满足所有人，并让大家都称赞其为"最棒的咖啡"。

咖啡化学成分

咖啡是地球上最复杂的食物之一。专家称，咖啡中有400～1000种甚至更多影响风味的化合物。当我们烘焙咖啡时，会将数百种化合物转化成不同的化合物。每一种转化都以不同的速度发生，并且发生在不同的温度曲线中。大多数转化过程都不在我们的掌控之中，但某些非常明显的风味调性，可以通过烘焙技术表达或抑制。

最大的变化发生在绿原酸（造成咖啡苦味的主要成分）、蛋白质、糖、咖啡因和葫芦巴碱（一种苦味生物碱，也是阿拉比卡烘焙咖啡的香气来源）。罗布斯塔咖啡的葫芦巴碱含量较低，但咖啡因含量是阿拉比卡咖啡的两倍。

挑选和购买生豆

十年前，在北美很少有地方可以轻易买到小批量的咖啡生豆。在撰写本书时，能够购买到小批量咖啡生豆的地方已经显著增加。那么，当你挑选咖啡豆时应该按照什么标准呢？

价格

奇怪的是，咖啡价格与品质几乎没有关系。价格通常是由原种或变种以及卖家的销售数量所决定。你可能会花很多钱买到味道平淡无奇的阿拉比卡咖啡，但其产地名称听起来充满异国风情。也可能用便宜的价格买到味道浓郁、令人满意的咖啡，但其产地名称听起来平淡无奇。咖啡豆价格还受到经过多少中间商的影响，因为每一次转手，都要加价。

咖啡数学：咖啡豆售卖给你的价格至少是最初购买价格的两倍，因为还要附加上日常开支、劳动

一袋咖啡生豆

力、包装和其他成本。举例来说，如果你以每磅[①]5美元的价格购买了少量的豆子，那么卖家进货的价格不会超过每磅2.5美元。其中30美分用于支付海运费用，因此真正的成本是2.20美元。如果咖啡豆是从中间商或交易所购买的，他们将获得至少35%的利润，那么真正的成本就降至1.43美元。最后，减去将咖啡豆运到港口的成本后，咖啡豆的原始成本降至每磅1.35美元左右。

对于咖啡种植者和他们的家庭来说，他们必须以每磅1.75~2.00美元的价格出售咖啡，才能有一个合理的生活水平。如果算上运输费、中间商费、海运费和供应商管理费，小批量的咖啡最终零售价不会低于每磅7美元。

大批量购买咖啡豆的买家每磅的花费则要低得多，加价和运输成本也要低得多。当你大批量购买

适合于烘焙初学者的咖啡豆

以下是为烘焙初学者提供的关于咖啡豆的一些建议：

阿拉比卡的分支品种铁皮卡通常是最容易烘焙的咖啡品种。它们通常根据统一的尺寸进行分级，并且具有一致的密度，与罗布斯塔和其他品种咖啡相比，未成熟的豆子更少。通常，巴西和中美洲生产的阿拉比卡咖啡都有范围很广的理想烘焙温度，苏门答腊和其他印尼咖啡除外。阿拉比卡的分支品种波旁通常更难烘焙，需要更长的休眠期以进行评估和让风味适当发展。

卡蒂莫是阿拉比卡和罗布斯塔杂交种的亚种。不知为何，在任何一台烘焙机里我都能很幸运地将卡蒂莫咖啡豆烘焙得很好，包括我那台总是把咖啡豆烘不均匀的直火式烘焙机。卡蒂莫咖啡豆似乎总是能产生理想、均匀的上色，并且它的爆裂和发展阶段非常明显。

---

① 磅：1磅约等于0.45千克。

时，价格是完全不同的，因为此时使用的是批发市场渠道。如果供应商通过直接贸易向咖啡种植者购买集装箱数量（7~15吨）的咖啡，阿拉比卡咖啡的价格可能低至3.00~3.50美元，但仍为咖啡种植者提供了1.75美元或更高的抢手价格。（需要注意的是，我们使用的是基于平均市场的粗略价格。每年都会有所不同，咖啡种植者的实际财务需求，很大程度上取决于当地的经济状况和生活成本。）

除非你在试喝一种新的咖啡，否则不要买小批量的。寻找10磅重的包装或任何符合你需求的包装，可以节约至少40%的花费。

装在袋子里的咖啡生豆

采购咖啡

在购买咖啡豆时，你可能会看到"雨林联盟认证""UTZ""公平贸易"这样的认证。一些咖啡豆认证可能表明的是咖啡生产方法符合一定的环境或安全操作标准。其他的认证，如"公平贸易"，表明的是咖啡的买卖方式符合一定的贸易原则。为了便于贸易商和买家看到，认证标准通常印在运输咖啡的帆布袋上。其他表明咖啡高品质或特殊加工方式的标识（例如，有机，三重挑选，湿刨处理，日晒等）可能也会被印在袋子上。理解这些认证的含义很重要。

价格范围示例

咖啡种植者的生产成本：咖啡果每磅0.80美元；成品豆每磅1.10美元。

中间商支付的价格	合作社支付的价格	公平贸易支付的价格	直接贸易支付的价格
根据市场行情，每磅1.00~1.50美元	根据市场行情和地区，每磅1.20~1.70美元	根据市场行情，每磅1.20~1.80美元	每磅1.50~3.00美元或者更多

（以上价格范围基于中美洲平均水平，世界各地会有所差异。）

中间商购买

合作社、中间商和中介机构以尽可能低的市场价格从咖啡种植者手中购买未加工的咖啡果，然后将咖啡豆脱壳、干燥、储存和转售。咖啡种植者自己几乎没有利润，甚至可能在市场价格下跌的年份出现亏损。

公平贸易认证

公平贸易是一家私营企业，它让咖啡种植者参加一项计划，承诺他们获得高于市场成本的利润和更好的工作条件。然而，公平贸易价格通常仅比中间商价格每磅高出0.20美元，并且咖啡种植者必须付费才能参加该计划。

直接贸易

在直接贸易中，咖啡种植者必须自己加工咖啡豆或者付钱让当地工厂进行加工。如果加工厂是中间商或合作社经营的，咖啡种植者可以将咖啡豆直接卖给加工厂。通过直接贸易将咖啡豆卖给最终买家，能拿到最好的销售价格，因此一直都是咖啡种植者首选的做法。然而，咖啡种植者可能没有办法做到这一点。

有机咖啡

虽然有机食品的概念听起来很棒，但实际情况远没有那么明朗。在一个咖啡种植者声称自己获得"有机认证"之前，他们必须投资三年，并支付至少3000美元的认证费（外加每年的检查费）。这对于大多数小农场来说是不可能的。由于很难追踪到特定咖啡豆的确切种植地，因此很难核实咖啡豆是有机种植的说法。那些设法获得认证的咖啡种植者通常只对他们的一小块土地进行认证，然后用这个认证来销售他们生产的所有产品，这样可以省钱。有时，他们甚至会购买邻居的咖啡豆，作为自己的进行转卖，以获得更高的有机产品价格。

在有机农场中，只出售自己生产的有机咖啡豆的情况非常罕见。只有看到可追溯性并确保它是真的，才可以相信是有机的。许多人错误地认为，美国海关或美国食品和药物管理局（FDA）参与了对进口食品来源的检测，以确定它们是否有机。这是错误的，事实上他们不会在入境点进行检测。

更糟糕的是，生产认证有机咖啡的高昂成本常常迫使咖啡种植者们在其他地方节省开支。有机生产方式并不会让咖啡变得更美味。事实上，由于咖啡种植者把有限的预算花在了昂贵的认证费上，而不是用它来最大限度地提高咖啡品质，因此有机咖啡的风味往往会更差。

确保能买到环保咖啡的最佳方式就是所购买的咖啡可追溯，可以追溯到使用安全、可持续农业生产方式的特定农场或农场群。这是直接贸易帮助烘焙师和咖啡种植者的另一种方式。溯源创造责任。给咖啡种植者一个可以建立和保护的良好声誉，会让他们产生自豪感。如果你希望你的咖啡消费是合乎道德的，那就全部通过直接贸易从重视安全和可持续农业的供应商和咖啡种植者那里购买咖啡。

负责任的咖啡采购

每颗咖啡豆都应该有自己的故事。当你看到那些出售的咖啡生豆只列出了原产地而不能知道来源时，你应该避开它们。应该从能够告诉你是哪个农场或合作社提供了这些咖啡豆的供应商那里购买，并留意购买咖啡豆的条款和种植者的道德规范。例如，"这些咖啡豆是在肯尼亚基安布县鲁一鲁（Ruiru）选区的梅嘉托洛（Megatoro）庄园种植的，通过直接贸易采购。该庄园为工人提供培训机会、健康诊所和为员工孩子设立的庄园附设学校。"如果提供图片和其他细节也会有帮助。

在一些国家，大多数劳动力都来自无法得到人道工作条件的劳工：工资低于标准，无法获得医疗保健或儿童教育的机会。这些剥削行为大多发生在供应世界最大咖啡零售商的大型"工厂化"农场里。更多的人从小型咖啡种植者或不剥削其成员的合作社购买咖啡，往往就可以促使种植者和劳工有更好的工作条件。

环境因素也很重要。生产方法应具有低环境影响和高可持续性。

以下是一些需要注意的道德问题

购买方法： 在直接贸易、合同种植和公平贸易条款下购买咖啡豆，或从成员拥有和经营的合作社那里购买咖啡豆，通常可以确保种植者和劳工受到公平对待。

生产方法： 人工采摘、荫蔽种植或保护地间种植、雨林联盟、安全可持续农业和UTZ认证产品均表示了对环境的保护。"有机"是一种认证，当涉及咖啡时，它经常被误用，并不可靠。

可追溯性： 区块链数据跟踪和技术，如射频识别标签，正越来越多地用于验证食品生产者、生产方法和责任。如果无法获得这些数据，请确保可信任的咖啡供应商能够提供可靠的信息。

永远记住，咖啡是世界上第二大最有价值的贸易商品。如果咖啡豆采购行为合乎道德，就有改变世界或改善世界的巨大潜力。你的行动非常重要！

在哥伦比亚，三名男子正在运送成袋的咖啡

成袋的哥伦比亚咖啡

准备进行杯测的各种咖啡样品

单品咖啡与拼配咖啡

　　单一产地的咖啡非常有趣，会让你体验到独特的风土和口味特征。但是，正如我们之前所了解到的，不同种类的咖啡刺激人类味觉的不同区域。正如没有一种乐器能演奏交响乐一样，没有一种咖啡能带来所有风味。将两种或两种以上的咖啡拼配在一起所创造出的"完整交响乐团"，会让你享受到最大的满足。

品种是物种的分支。猫和狗是不同的物种，但都是哺乳动物。卷毛狗和丹麦阿格雷特犬都是狗的品种，但它们在基因上有很大的不同。阿拉比卡和罗布斯塔是不同的物种，但都是咖啡。在阿拉比卡种内，有亚种或变种，如波旁、铁皮卡、卡杜艾等。它们在豆子形状、植株和叶片结构方面具有阿拉比卡的主要特征，但也有重要的变异，如果实的颜色和味道。一个农场可能只种植阿拉比卡咖啡，但通常种植不止一个品种。

　　苹果派就是一个解释食物拼配很好的例子。当你去摘苹果时，你会发现果农们通常种植很多种类的苹果。一个好的、平衡的苹果派可能包含科特兰苹果、麦金托什红苹果和澳洲青苹果。每一种苹果都会带来不同的风味与口感。在咖啡拼配过程中，你可以将果味咖啡、甜味咖啡和烘焙程度较深的咖啡混合在一起，以达到类似的广度与平衡。

　　世界上所有最畅销的咖啡品牌都至少是三种原产地多个品种咖啡的拼配。这些公司选择多个产地的咖啡，并尝试将不同物种和品种的咖啡平衡起来以获得最佳的整体风味。想一想我们的味觉是如何工作的。如果咖啡的口味不能让更多的味觉感受区感受，就不会带来最大的满足感。与单品咖啡相比，混合多个品种的拼配咖啡可能会让你更成功。做一些拼配试验直到你懂得如何将特定风味和口感的咖啡平衡起来，以满足自己、朋友和顾客。

大型工业烘焙机里
正被烘焙的咖啡豆

第二部分

烘焙过程和设备

商业咖啡烘焙机热量表的
特写镜头

第三章
烘焙设备

加热咖啡豆

按照最简单的定义，烘焙意味着将咖啡生豆加热后使其变成我们熟悉的可冲泡形态。烘焙基本目的就是将咖啡豆内数百种化合物转化，创造出我们想要的咖啡风味。烘焙的最终产品可用于各种用途，如制作速溶咖啡、萃取物或意式浓缩咖啡，所以冲泡的方法（机器和工序）会根据你想要的结果而有所不同。

烘焙量也会影响烘焙方法的选择。如果烘焙师乐于一次生产3～4盎司[①]咖啡供个人饮用，那么选择几乎不受限制。但是，如果目的是为一家商业包装公司每天生产3吨烘焙咖啡豆，那么选择范围就很有限了，烘焙师需要谨慎选择合适的机器和方法。

可以说，烘焙量在某种程度上，决定了你有多少选择。如果你主要是为了给自己烘焙，几乎可以不考虑烘焙量的问题，因此可以根据成本、尺寸、便利性、通风和烘焙一批所需的时间等因素进行选择。如果你想与家人和朋友分享你的烘焙和拼配成果，就需要略过每20分钟烘焙3～5盎司的方法，而考虑每小时至少烘焙两磅的方法。如果你要开一家咖啡店，你需要考虑每

---

① 盎司：美制液体单位：1盎司=29.57毫升；英制液体单位：1盎司=28.41毫升。

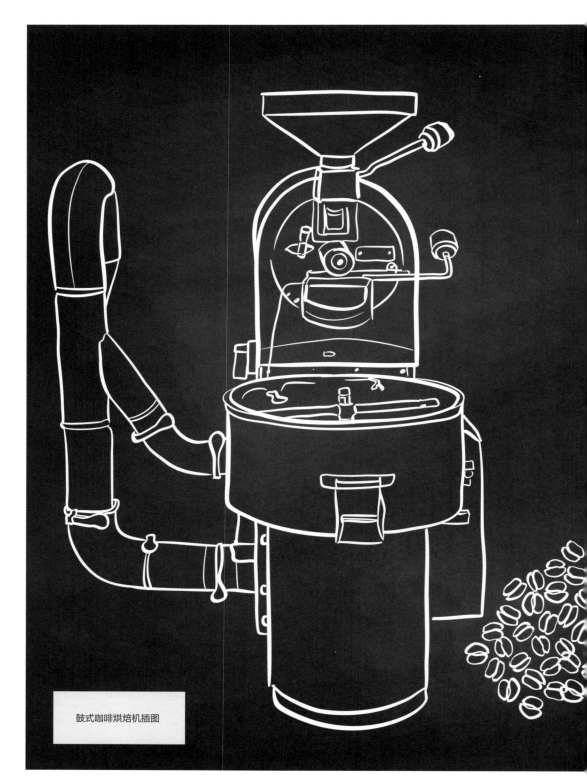

鼓式咖啡烘焙机插图

批至少能生产3~5磅咖啡的设备和方法。加热方式和烘焙速度对最终成品有很大影响。一旦你选择了所需体积的合适设备，你需要比较加热咖啡豆的方式。为了达到良好的效果，烘焙设备必须符合正确的烘焙加热曲线基本参数。一些机器主要使用空气对流，一些主要使用辐射热，大多数则结合了两者。最后，最重要的原则很简单：以符合需求的烘焙量创造出我们想要的味道。这些目标最终影响我们的烘焙选择。

商业烘焙/大型设备

商业烘焙机使用两种基本的烘焙方法。在第一种方法中，一个旋转的滚筒使咖啡豆进行循环，使豆子既受到热源的辐射热，也受到对流气流的影响。第二种方法是将咖啡豆悬浮在旋转的气流或漩涡中。空气悬浮法几乎完全采用高温热风对流进行烘焙。家用烤箱就是一个可以拿来作比较的好例子，它可以利用辐射热和对流来烹饪。当你炙烤东西时，你把食物放在最上面的加热管附近，烹饪几乎完全是通过热源的直接加热来完成的，这就是辐射热。当你烘焙时，食物放在烤箱的中间，因为热源比较远，所以大部分烹饪都依赖于循环空气，这就是对流。

专业烘焙机

鼓式烘焙机

离心式烘焙机

流体床式烘焙机

鼓式烘焙机

鼓式烘焙机的尺寸没有限制。其滚筒可以像咖啡罐一样小，也可以像桶一样大，甚至可以像水泥搅拌机一样大。鼓式烘焙机通常以每分钟30~60转的速度旋转咖啡豆，以确保均匀加热。有些外形看起来像烤肉架，使用的也是同样的原理。这种方法或多或少地依赖于辐射（通常称为传导）热和对流。操作者可以通过调整气流或加热元件设置来平衡过程中的辐射热和对流热。热源可能是机器后部的石英丝，也可能是烘焙室底部的燃气火焰。

在北美的小型烘焙店和咖啡店中，每小时可以生产10~30磅的鼓式烘焙机很常见。欧罗巴西（Oro）品牌10磅烘焙机烤炉床上有一个气体火焰，一个旋转的滚筒和一个可调节的气流。当风量增大时，加热器主要采用对流方式；当风量设置较低时，热量主要来自气体火焰。鼓式烘焙机每小时可以烘焙数千磅咖啡；它们的操作基本上与较小的鼓式烘焙机相同，只是在较大规模上实施。

流体床式/填充床式烘焙机

另一种不使用滚筒来使咖啡豆循环的方法是迫使空气通过有孔的浮风床或铁丝网。当气流足够强时，咖啡豆就会飘浮在空中，相互碰撞，也会撞击浮风床和烘焙室的壁面。

填充床式烘焙机被认为是过时的设备，因为这种机器不能提供均匀分布的热量。但是，它们仍然在"烘焙机类型"名单里。

鼓式烘焙机图片

流体床烘焙机的烘焙室带有格栅或筛网的风床,使气流可以通过。由于没有固定的基底,所以被称为"流体床"。在其他产品的加工行业中,通常用液体使颗粒循环,但在咖啡烘焙中,使用的是空气。有许多类型的流体床烘焙机。一种流行的设计是一个高锥形圆柱体,窄的一端在底部。气流通常是有方向性的,使咖啡豆绕圆打转。另一些则简单地像爆米花机一样直接吹气,操作者可以控制豆子的高度。

流体床烘焙机存在的一些问题:

1. 如果咖啡豆分级不均匀,较小的咖啡豆在悬浮高度和烘焙程度上会有所不同。
2. 随着豆子变得越来越干,它们会升得更高,从而减少对流传热,因此必须时时进行调整。

涡流式空气烘焙机

涡流式空气烘焙机产生漩涡运动,就像龙卷风一样,使咖啡豆的悬浮高度和位置分布均匀,减少某些悬浮高度问题。这种烘焙机的气流始终是同一个方向。

离心式烘焙机

离心式烘焙机本质上是使用空气对流的流体床烘焙机,但它们在风床上增加了一个旋转器,产生了与涡流鼓风机相同的效果。这种机器通常都是大型的,每小时能处理数千磅咖啡,且完全使用对流加热方式。

切向式烘焙机

切向式烘焙机的独特之处在于，它们用桨或叶片机械地使咖啡豆循环，同时吹入热空气。这种方式使用了辐射加热和对流加热，并且还结合了咖啡豆自身的放热。由于没有极端的对流气流影响，咖啡豆自身会释放热量。

小容量/家用烘焙机

我们可以看到很多应用在商业烘焙机中的原理同样也应用在了小型家庭烘焙机中。

小型鼓式烘焙机

有许多品牌的小型鼓式烘焙机可作为台面式设备或户外使用，包括明火烘焙和烧烤烘焙。在互联网上，有数百个由发明家和创新者临时制作的自制鼓式烘焙机和烤炉系列的视频。它们可以烘焙8盎司到20磅的咖啡。滚筒实际上可能是一个有孔的罐子，也可能是一个不锈钢网笼。

鼓式机器通常比简单的空气对流机器更贵，所以大多数人在第一次购买家用烘焙机时会选择空气对流机器或热板搅拌器［例如旋风（Whirley）爆米花机］。然而，小型鼓式烘焙机烘焙得会更均匀，并且烘焙过程更加可控。

彼摩（Behmor）1600就是一个很受欢迎的家用烘焙机例子。它的背面有石英加热元件、一个滚筒和一个用于在烘焙室内循环空气的风扇。

家庭烘焙机

彼摩（Behmor）
家用鼓式烘焙机

旋风（Whirley）
爆米花机

使用平底锅在
明火上烘焙

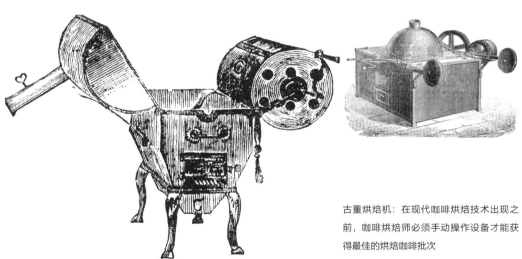

古董烘焙机：在现代咖啡烘焙技术出现之前，咖啡烘焙师必须手动操作设备才能获得最佳的烘焙咖啡批次

优点: 这台售价约400美元的机器完全可程式控制，平均每20分钟可烘焙1磅轻度或中度烘焙的咖啡豆（较深的烘焙为8~12盎司咖啡豆）。这种类型的烘焙机通常具有一定的抑烟功能，可用于室内通风良好的敞开式窗户旁或后廊。使用相同的程式设置，烘焙结果可以高度再现。

缺点: 冷却速度慢，因为在整个机器冷却之前，咖啡豆很难从滚筒中取出。

直火式烘焙机

这些都是典型的滚筒机，很像旋转烤肉架。它们安装在一个由丙烷驱动的烧烤架上，由外部电机驱动。烧烤架提供火焰热源，发动机使咖啡豆保持旋转翻动，通常每分钟60转。

优点: 对于能够大量烘焙的设备而言（通常为3~20磅），这种设备成本非常低。烘焙过程中，会有大量的环境空气泄露。不过，要平衡热源带来的热量与因空气对流损失的热量，是件很容易的事。盖子可以提高或降低，以调整对流和烟雾保留量。

缺点: 这种机器在烘焙时，需要吸入大量的新鲜空气，并释放出大量的烟雾，因此必须在室外进行。咖啡豆也很难在整个滚筒中均匀受热。在大量烘焙中，从一侧到另一侧的温度差异通常高达20度或更高。如果想要达到特定的烘焙效果，这是一个很严重的问题。因为效果是不可再现的，烘焙记录在很大程度上是徒劳的。在使用这种设备时，聆听烘焙过程中产生的声音与观察豆子的外观，是评估烘焙质量的主要方式。

篝火烘焙机

这些是典型的带有马达驱动器或手摇柄的烘焙机，它们被粗糙地放置在石头或砖块上，不停地转动，直到咖啡豆烘焙好了为止。

优点：大批量烘焙成本低。如果你喜欢烟熏、火烤的味道，这种方法会产生一些非常绝妙的风味。

缺点：你很可能会烧伤自己或烧焦咖啡豆。控制温度和烘焙过程的唯一方法就是密切注意并倾听豆子爆裂的声音。此外，烘焙完成后，需要将热咖啡豆运送到冷却设备或区域。对于大多数人来说，这不是一种安全或明智的方法！

爆米花机式烘焙机

许多初学者使用真正的热风爆米花机来烘焙咖啡豆。这些机器通常非常便宜，但几乎没有防止过热和防止银皮、烟雾四处喷出的措施。我不建议购买任何不是专门为咖啡豆烘焙而设计的爆米花机。

有特别多的爆米花机式烘焙机，其原理与基本的爆米花机相似。这些机器增加了容量和保护措施，有些还有咖啡烘焙专用的功能，比如银皮收集器。改良后的爆米花机起步价在70美元左右，最高可达1000美元甚至更多。

改良过的爆米花机，比如1500瓦的West Bend爆米花机，气流角度更好，底床和加热器比大多数爆米花机都大，通常用于烘焙咖啡。

新鲜烘焙（Fresh Roast）SR800烘焙机是专门为烘焙咖啡而设计的专业品质机器。它使用了类似的热风加热方法。可以烘焙大约4盎司的咖啡

爆米花烘焙机

生豆，有几个加热设置，并拥有风扇冷却功能及一个银皮收集篮。

优点： 改良爆米花机式烘焙机操作简单，具备了基本的烘焙功能。有些提供了弹性不小的温度控制，让你可以通过调节温度高低来改变烘焙时间。

缺点： 像样的爆米花机式烘焙机成本可能是小型鼓式烘焙机的一半，但它们的可调性和再现结果的能力都差得远。如果你正考虑在一台机器上花费超过100美元，建议再多花点钱，购买一台可以更好控制、烘焙能力更强的烘焙机。

平底锅煎烤

用平底锅煎烤咖啡是最早的烘焙方法，至少从15世纪就开始使用了。直到1910年左右，袋装咖啡面世之前，大多数美国人都是在家里用平底锅烘焙咖啡。他们要么在炉顶的锅里搅拌咖啡豆，要么在烤箱里用烤盘烘烤咖啡豆。那个时代的制造商在解决这个问题上很有创意：他们发明了带有手动曲柄的铸铁平底锅，甚至还有连接唱机或马达的皮带！这种方式烘焙的咖啡通常品质较差，因为很难在适当的烘焙曲线中均匀加热，而且很难均匀地转动咖啡豆，以确保两面烘焙的一致性。

旋风爆米花机自20世纪80年代出现，当时已经是现代改良版带有手动曲柄的铸铁锅。尽管旋风爆米花机已经是对传统平底锅的一种改进，但它仍然需要烘焙者耗费极大的注意力，才能获得稳定均匀的烘焙效果。

优点： 用平底锅煎烤咖啡豆便宜、简单，而且相对安全，因为豆子在烘好后很容易处理，可以倒

印度尼西亚：在明火
上烘烤的咖啡豆

入筛子，或者在风扇前摊开冷却。你也可以在咖啡里加些香料或奶油来增加口感。每次可以烘焙4盎司以上的咖啡豆，不过这要看你想花多少力气搅拌豆子，以及愿意花多少时间等待烘焙完成。

缺点：很难得到完全均匀的烘焙效果。温度和搅拌时间的变化意味着你的烘焙效果是无法再现的。这种方法还需要一个通风良好的场所，要么在户外，要么在专业厨房用的抽油烟机下。

机械化烤盘烘焙机

机械化烤盘烘焙机基本上都是有自己热源的烤盘，搅拌器由电动机驱动。一台可靠的机器成本约为120美元，与手摇机器相比，它的烘焙效果相当稳定。

优点：它不需要手动搅拌，并提供一些加热设置选项，烘焙效果相当稳定。

缺点：把咖啡豆从烤盘里拿出来很不方便，与热风式和鼓式烘焙机相比，咖啡豆转动得没有那么好。想要取得更好的烘焙效果有相当大的难度。

机械化烤盘烘焙机

建议

大多数咖啡烘焙新手很快就厌倦了手工搅拌和翻转的方法，并对不均匀的烘焙效果感到气馁。你可能不太想要与别人分享烘焙得不均匀或糟糕的咖啡豆，也不可能指望出售这样的咖啡豆。买家和消费者希望新鲜的、手工烘焙的咖啡能有稳定一致的高品质。如果你的咖啡豆烘焙得不均匀，或者有手工烘焙咖啡豆常见的问题，那么你的咖啡就不太可

能令人满意，也不可能卖得好。

虽然你可能一开始想要使用旋风爆米花烘焙机或者爆米花机，但是如果你想要有所进步，最终还是应该选择一个更昂贵的机器，它可以提供烘焙一致性和更大的烘焙量。

选择可以烘焙12盎司深焙咖啡豆的小型烘焙机时，我的推荐是彼摩1600。彼摩1600是受到认可的小型鼓式烘焙机。我使用彼摩1600进行研究与开发，我发现当使用更大的鼓式烘焙机时，彼摩烘焙机取得的烘焙成果通常可以转化和扩大。如果400美元对于初学者来说成本太高，可以考虑使用像新鲜烘焙SR800（～260美元）这样的热风式烘焙机，它最多可以处理8盎司的咖啡豆，通过使用一致的咖啡豆重量、温度设置和计时器，可以在一定程度上再现烘焙成果。

商业咖啡烘焙的监控设备

如果你是一个拥有小型设备的家庭烘焙者，你的控制和监控选择是有限的。但是，如果能了解这个设备的目的，就能指引你对烘焙过程有更多的了解。下面的讨论将集中在两种最常见的烘焙方式上：鼓式烘焙和流体床式烘焙（记住，流体床式咖啡豆烘焙机实际上并不使用液体，而是使用气流）。

许多烘焙机都有一个仪表，可以显示燃气火焰或电加热元件的相对强度，就像炉灶上的刻度盘显示的低、中、高，或者是数字化的刻盘。这比显示火焰或加热元件的实际温度更直观。知道加热元件的确切温度听起来很棒，但在实践中，这是靠不住的。到达咖啡豆的热量取决于很多因素。只有测量烘焙室的温度才能给你这些重要的信息。

温度计/探头

准确、快速的温度读数对于商业烘焙至关重要。通常，他们会使用探头监测温度。

温度探头的位置会改变温度读数的结果。不同机器的热能分布不尽相同，温度读数则会根据每种机器的设计而产生误差。因此，尽管两台烘焙机的烘焙程度相同，一台机器可能温度显示为440℉[1]，而另一台机器温度显示为445℉。同理，不同的探针在不同的机器上可能测出略微不同的结果。幸好，这种误差值通常都很一致，因此，如果你使用了不同的探头，只要校对成同样的数值就可以。

电阻温度检测器（RTD）探头非常精确和耐用，并由不锈钢护套保护，但它们也很昂贵。热电偶的精确度略低，也更脆弱，但价格更便宜。当探头安装在比较容易损害探头的位置时，如鼓式烘焙机的滚筒内部，使用RTD探头是很重要的。测量环境空气温度要求较低，所以如果预算紧张，可以使用热电偶。

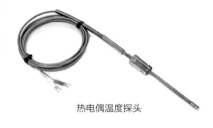

热电偶温度探头

鼓式烘焙机温度监测

在鼓式烘焙机中，通常要进行两种温度测量：一种是从咖啡豆中间测量其内部温度，另一种是从咖啡豆外部的空气中测量烘焙室内的环境温度。我们可以根据咖啡豆的内部温度绘制烘焙曲线，并得

---

[1] ℉：华氏度。与摄氏度的换算公式为：摄氏度（℃）=［华氏度（℉）−32］÷1.8。

阿拉比卡咖啡
从烘焙机倒入
冷却槽

知咖啡豆什么时候完成烘焙。环境空气温度则监测有多少热量通过对流作用到咖啡豆上。

制造商和用户对放置在不同品牌、机器类型烘焙机中的探头准确性存在争议。从一台机器上测得温度结果后，在另一台机器上的温度监测值会降低5℉或更多，这种情况一点也不稀奇。举例来说，如果你在一台机器上以440℉的温度获得特定的上色和味道，在另一台使用不同探头类型或测量位置的机器上，得到的结果有可能是445℉。

通常情况下，有两个探头就足以取得烘焙曲线，因为你能监控咖啡豆内部温度的上升过程，也能将环境温度调整到适宜的数值。

鼓式烘焙机通常有一个用于测定咖啡豆温度的RTD探头。环境空气传感器可能是一个类似的探头或是热电偶。热电偶的读数来自两端金属在加热时产生电流的电差异。热电偶更容易损坏，所以它们通常不用于测定豆堆的温度。

流体床式烘焙机温度监测

由于流体床式烘焙机中的咖啡豆"悬浮在空中"，因此很难像鼓式烘焙机一样，放置探头来测量豆堆温度。只有空气的温度才能精确测量。要做到精确测量，需要在气流中不同的位置放置两个或多个探头。

要经过有效探头之间的大量计算，才可以推断出正确的咖啡豆温度。因此，典型流体床式烘焙机的温度控制不如鼓式烘焙机精确。为了弥补这个缺陷，烘焙者需要靠烘焙时间和程序来创建相似的烘焙时间和曲线。保存详细的烘焙记录至关重要。一旦取得了想要的烘焙结果，下一次烘焙时只需要复制热源温度、咖啡豆重量和气流即可。同时，你可以根据咖啡豆质量、外部环境温度和其他变量的差异进行相应的调整。

小型家用烘焙机的内部温度监测

许多小型烘焙机不会显示咖啡豆的温度或烘焙室内的空气温度。机器本身内置的温度测量能力非常有限：小型鼓式烘焙机会配备一个空气温度传感器，通过自动向上或向下转动加热元件，帮助机器将空气保持在特定的温度。某些爆米花式烘焙机，具备自动断电功能，当设备过热时会触发该功能。有些擅长自己动手改造机器的人会想办法在烘焙机内加装探头，但这样还是会受到小型烘焙机本身在基本温度控制上的限制。

做记录

真正专业的烘焙方法，依赖记录烘焙结果来建立可以不断复制的烘焙模型。做记录可以简单到在笔记本上记下记号，也可以复杂到在计算机上建立完整的操作记录。不同的烘焙者在分享彼此的记录时，可能会在相似的机器上获得相似的结果。保存下来的烘焙记录可以为烘焙者提供烘焙的起点。在

操作记录示例

咖啡品种	重量	时间	回转温度	回转时间	一爆温度 / 温差
珍彼特	10 磅	12 分钟	170℉	1.0 分钟	387℉/80℉
D. 波旁	10 磅	14 分钟	165℉	1.1 分钟	392℉/70℉

比对记录与烘焙结果之后，烘焙者就能做出有根据的调整。

对于小型烘焙机的操作者来说，做记录可能只是在表格中记下某些参数：

第66页和第67页上的简单数据足以确保每次的结果一致。有时，针对环境原因出现的差异，可能需要做出调整。例如，在寒冷天气下烘焙时，烘焙师可能需要提高5%的火力，以确保咖啡豆在理想的时间达到理想的温度。

咖啡折射计

咖啡折射计是一种在咖啡烘焙和冲泡领域相对较新的设备。它能够测量冲泡咖啡中总固体的含量。折射计可以测量密度和孔隙度——固体越多，代表口感越醇厚。烘焙师如果在测量后发现烘焙成果不达预期，可能会改变烘焙模型或程式，来调整密度的高低。使用折射计，你必须总是以完全相同的方式冲泡咖啡，才能比较测量结果（例如，20克咖啡粉，研磨机设定在适合滴滤的研磨刻度，冲泡器材使用12盎司压力的滤壶，冲泡时间为3分钟，水温为203℉）。大多数家庭烘焙师只靠风味来判断，因为折射计很贵，而且测量的目标也太过细微，不是家庭烘焙师所能控制的。

折射计

操作记录示例（续）

发展时间	发展气温	发展气流	二爆	起锅温度
2.7分钟	455℉	7	442℉	445℉
4分钟	445℉	7	440℉	443℉

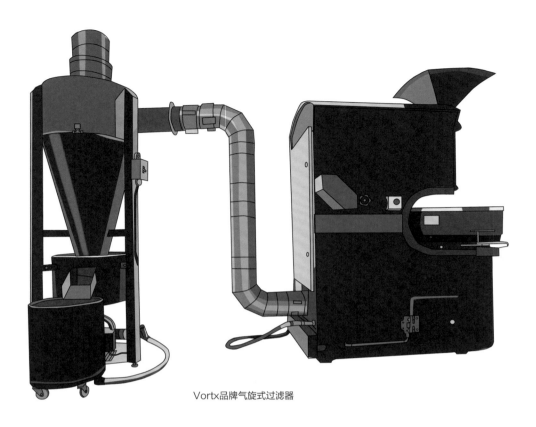

Vortx品牌气旋式过滤器

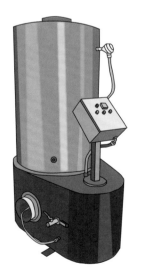

后燃机

后燃机/排烟控制

　　咖啡烘焙会产生烟雾；如果在距离其他家庭或企业较近的环境中进行大量烘焙，那么就要使用抑烟系统和其他控制措施，来减轻空气污染。一些烘焙机配备了催化转化器，利用氧化还原反应氧化和吸收颗粒与烟气。后燃机对烘焙机排出的废气进行过热处理，使大部分微粒炭化并分解烟气。

　　也有依靠电离和过滤器捕捉电离粒子的抑烟系统。这些燃烧器比后燃机便宜，减少的排烟量也能满足当地清洁空气的要求。小型烘焙机有时配备了离子发生器或其他小型的抑烟系统，以减少烟雾排放，但通常只能起到部分效果。

如果你想在室内烘焙，就应该找一个有抑烟功能的设备，即便如此，还是需要在通风良好的地方使用。如果你的厨房里有一个高品质的抽油烟机，就用它。如果没有，那就把机器放在敞开的窗户旁，并用一个小风扇轻轻地把烟吹出窗外。

在烟雾笼罩下，刚烘焙好的豆子在装袋或研磨之前被倒入冷却盘中

一把未烘焙
的咖啡生豆

第四章
烘焙准备

健康、良好的咖啡生豆

咖啡生豆是一种天然食物。像所有天然食物一样，它们需要检查清洁度和健康状况。如果你购买了优质的咖啡豆，大多数检查和选择都是在你购买之前完成的。但我总是自行检查咖啡生豆，建议你也这样做。这是一个好习惯，就算是最高品质的生豆，我依旧时不时地会在豆堆里发现一块小石头或其他杂物。

豆子的颜色从淡黄色到各种深浅的灰绿色到深棕色都有。豆子上可能有也可能没有红色或黄色的干燥果肉。有时可能看不到任何银皮（一层薄薄的纸状覆盖物），有时可能会看到很多残留的银皮（特别是在咖啡豆的褶皱处）。豆子的外观可能会有很大的差异。这并不代表咖啡的品质不好。某些类型的咖啡豆外观本来就不太一致。例如，有些艾克赛尔莎日晒豆颜色呈红色，而另一些则呈深绿色（这是很正常的现象，我喜欢称它们为"圣诞树豆"）。

一般来说，与其他的豆子相比，日晒豆和高海拔地区的豆子往往会呈现较深的绿色。这代表了咖啡豆的密度，通常也表示叶绿素含量较高，使咖啡的风味更加强烈。但是颜色从来都不是衡量豆子质量的可靠标准。

经过良好加工的阿拉比卡咖啡豆通常干净健康，很少有碎豆或变色豆混在其中，也没有太多的银皮或果肉残留。只有在特殊情况下才有例外发生，例如稀有品种（可能会有银皮紧紧卡在褶皱里）或蜜处理咖啡豆（通常果肉会在咖啡豆上留下色斑）。

瑕疵豆

由于咖啡豆是天然食品，因此一定会有少部分的瑕疵。大多数"有瑕疵的咖啡豆"完全不影响使用，尤其是偶尔出现瑕疵的咖啡豆。精品I级咖啡的定义是每350克咖啡豆中含有少于3个完全缺陷的咖啡豆。一般来说，去除有瑕疵的咖啡豆是为了改善味道，而不是因为它们不健康或具有危险性。

下面是可能在咖啡豆中找到的各种瑕疵。你可以自行决定挑选的标准有多严格。

破裂豆：如果咖啡豆没有发霉或受到腐蚀，破裂豆或"耳朵"（中间部位与外层分离的豆子），除了不美观之外，并没有其他问题。

未熟豆：颜色很浅，且不会因为烘焙变深的豆子，被称为未熟豆。这些都是典型的未成熟或发育不良的豆子。在烘焙之前，很难判断出未熟豆。通常，这些也只是不美观的问题。如果咖啡里有很多未熟豆，你可以挑出一把，分别研磨和冲泡，看看味道如何。这样你就会知道它们是否会显著影响咖啡的风味。通常在烘焙前很难判断咖啡豆是不是未熟豆，因此都是在烘焙后挑除未熟豆。

瑕疵豆

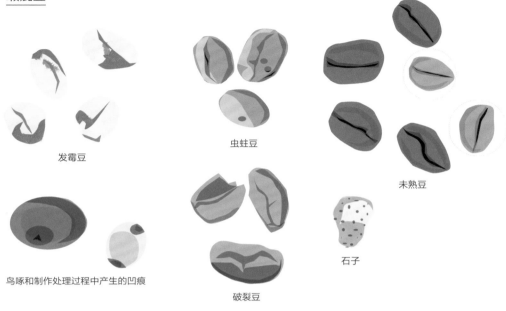

发霉豆

虫蛀豆

未熟豆

鸟啄和制作处理过程中产生的凹痕

破裂豆

石子

阿拉比卡咖啡豆

银皮

虫蛀豆： 常见的咖啡甲虫喜欢钻入成熟果实中的咖啡豆。这些甲虫到处都是，所以在每批豆子中，都能发现一些有虫蛀孔洞的豆子。有时它们钻出的虫道会困住垃圾并导致绿色霉菌产生。虽然这种霉菌可能是无害的，但最好还是将任何有洞的咖啡豆挑除。

凹痕： 许多鸟类会啄食咖啡樱桃。它们尖尖的喙尖会在豆子上留下圆形的痕迹。这些痕迹通常对咖啡品质没有影响，在加工过程中也会产生类似的凹痕。

发霉豆： 无论你曾听到过多么令人担忧的说法，在干燥并妥善保存的咖啡中，严重发霉的豆子是很少见的（通常的标准是咖啡豆含水量低于12%）。大多数试验表明，咖啡豆上的霉菌比西红柿、草莓和其他食物上的都要少。即便如此，最好还是除掉任何可能发霉的豆子。这包括前面提到的虫蛀豆，也包括任何裂口边缘变色的破裂豆。

在极少数情况下，在潮湿条件下储存不当的咖啡豆可能会产生一种非常明显的表面霉菌，呈粉末状，颜色泛白。这是很容易看到的，并且有强烈的、发霉的、令人不快的气味。这种发霉的情况不会发生在单独一颗咖啡豆上。一旦发生，整批咖啡豆都会存在这个问题，必须全部丢弃。不要使用发霉的咖啡豆，但除了一个特别的例外：就像奶酪一样，一些咖啡豆会刻意进行陈化，控制特定的发霉或发酵过程。这种豆子被称为"季风"豆。在使用帆船运输咖啡豆的时代，船舱里的咖啡豆会在大海上运输好几个月，所以在抵达港口之前，所有的咖啡豆基本上都"季风"处理了。今天，季风是一个

刻意的过程，而非意外。如果咖啡豆受到了季风处理，会特地进行宣传。

带银皮豆：人们经常担心银皮，担心银皮会发霉或不健康。但银皮是咖啡豆的一部分。干处理的豆子上有很多银皮，湿处理的豆子几乎没有银皮，因为已经在处理过程中被洗去了。从健康或风味的角度来看，银皮没有什么影响。但银皮是易燃的。如果咖啡豆上有很多银皮，最好在烘焙前用粗筛或滤器摇动咖啡豆，去除大部分银皮，以免银皮在烘焙过程中着火。

检查刚烘焙好的咖啡豆是否有瑕疵豆

瑕疵豆

从烘焙好的咖啡豆中分出
优质豆与瑕疵豆

美国品牌

世界最畅销品牌

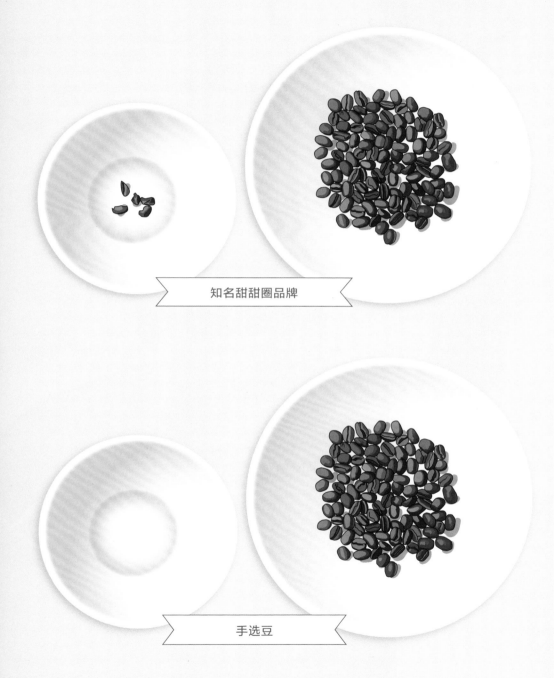

知名甜甜圈品牌

手选豆

咖啡豆在烘焙后放入
冷却槽中冷却

商业生产中的瑕疵豆

我很少看见咖啡馆或小型烘焙商会在烘焙前仔细检查生豆。通常情况下，他们会在烘焙后进行粗略的检查，去除明显的瑕疵豆。但我鼓励烘焙师采用在烘焙前检查生豆的标准。

第76页和77页的图片是相当令人不安的例子，表明了在烘焙前挑选豆子的重要性。这些图片展示的是我从超市购买的咖啡豆，并倒在桌子上供检查。其中前两家来自销量最大的美国咖啡公司。第三家来自全球最大的咖啡零售商和批发商。第四个是手工挑选的豆子。

第一张图片展示的是某美国品牌的咖啡豆，这是他们最畅销的品牌拼配咖啡。可以注意到，其中有20%的瑕疵豆，这意味着，这些豆子在咖啡品质的分级标准中，连交易级都算不上。第二张图片上的咖啡来自世界上最畅销的品牌，同样令人不安，可以从中看到超过15%的瑕疵豆，而这是该品牌最贵的意式浓缩咖啡所使用的产品。第三张图片来自一家知名的全国甜甜圈零售商，注意其中并没有太多瑕疵豆，是经过适当挑选的干净咖啡豆。如第四张图片所示，手工挑选是确保咖啡不含瑕疵豆的最佳方法。

美国精品咖啡协会（SCA）咖啡生豆分级

美国精品咖啡协会（SCA）的咖啡生豆分级标准为归类一批特定的咖啡生豆提供了基本的指南，这有助于买家了解他们买来的生豆中有多少瑕

疵豆，以及处理好后的成品豆有多干净。

为了对咖啡进行分级，需要检查300克适当脱壳的咖啡是否有瑕疵。某些二手资料列出了特定区域可能会有的特定缺陷，但其他地区可能不会产生。这些接受检查的咖啡也会经过烘焙，并接受杯测、评估风味特色。

精品级（1）：300克咖啡中不超过5个全瑕疵豆，其中不能有任何第一级瑕疵豆。生豆大小与筛网网眼的差异最多不能超过5%。咖啡豆必须具有至少一种独特的属性，口感、风味、香气或酸度。不能有任何缺陷与瑕疵味。不能有未熟豆。含水量为9%～13%。

优等级（2）：300克咖啡中不超过8个全瑕疵豆，其中容许有第一级瑕疵豆。

生豆大小与筛网网眼的差异最多不能超过5%。咖啡豆必须具有至少一种独特的属性，口感、风味、香气或酸度。不能有任何缺陷味。只能容许有3颗未熟豆。含水量为9%～13%。

交易级（3）：300克咖啡中容许有9～23颗全瑕疵豆，大于15目筛网的咖啡豆一定要占重量的50%，低于14目筛网的咖啡豆不得超过重量的5%。杯测结果不能有任何缺陷味。能容许有5颗未熟豆。含水量为9%～13%。

低于标准级（4）：300克咖啡中容许有24～86颗瑕疵豆。

不合格（5）：300克咖啡中含有超过86颗瑕疵豆。

全瑕疵豆"包括黑豆、发霉豆、异物、残留果肉或叶片/枝条。"第一级瑕疵包括羊皮纸/果壳、破裂/破碎豆、虫蛀豆、浮豆/未熟豆、小石头、小异物。

一批咖啡被评估后的等级将影响其在市场上的定价。

现在你知道该留意什么了，你可能想要开始仔细看看你在商店买的咖啡，确定它真正的品质。希望你也能确保自己烘焙的咖啡以及拿给别人品尝的咖啡，是干净且符合精品级标准的。能掌握自己手中那杯咖啡的品质，是身为烘焙师最大的荣幸！

烘焙区域

在开始烘焙咖啡之前，要从头到尾想一遍整个烘焙过程。将烘焙设备放在哪里能够有良好的通风？要怎样冷却豆子？该如何储存冷却后的豆子？

豆子的高温足以引起严重烫伤。如果你在烘焙时有所疏忽，甚至会引起火灾。切勿在烘焙时离开烘焙设备！烘焙后，你应该戴上带衬垫的手套或采取其他隔热措施来处理豆子或托盘。

在准备烘焙时，你应该在烘焙区配备一些基本设备：

高度隔热手套：烤肉用的手套，容易取得，也非常好用。

水：手边要有足够的水，以浇灭豆子或银皮引起的火灾。不要在带有封闭电子零件的设备上使用水，比如爆米花式烘焙机。

称量秤：秤的称量范围应大于烘焙一次咖啡豆最大的量。

勺子或漏斗：任何能将豆子倒进烘焙机而不会撒出来的器材。

碗：用来将咖啡生豆和熟豆分开盛装。

空气流通口：将烟雾排到室外或使用适当的空

隔热手套

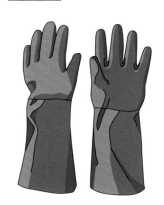

如果你要处理装有滚烫豆子的平底锅或滚筒，温度可能会达到500℉，你需要一双隔热手套，在冷却过程中也需要非常小心

气过滤系统。

冷却装置：例如风扇和冷却盘，以及搅拌勺、抹刀或刮刀，以在咖啡豆冷却时保持翻动。

烘焙度色卡：显示不同色阶的印刷材料，每种颜色都有对应的烘焙程度，例如浅度烘焙、城市烘焙、深度烘焙等，也可能会有对应温度的相关指导。

烘焙量

大多数烘焙机都有一个最适合烘焙的重量和数量最佳点。你可能会发现，一个8磅的鼓式烘焙机实际上可以烘焙9～10磅咖啡豆，效果也很好。然而，过一阵之后，你会发现，由于额外的重量和数量，豆子的级联作用就会发生改变，烘焙品质也会开始下滑。

如果能在不同烘焙水平上找到烘焙机烘焙效果的"最佳点"，那真是再好不过。烘焙的程度越深，所需要发展的时间也越长。如果烘焙曲线在深度烘焙时拉得太长，咖啡豆的味道就会平淡无味，因此咖啡豆烘焙量应该要比轻度烘焙时用量小一些。你可能会发现，中度烘焙时，可以烘焙12盎司16目大小的豆子，但深度烘焙时，只能烘焙8～10盎司的豆子。（筛网尺寸指的是以毫米为最小单位的孔洞，当咖啡豆经过筛网时，不会落到下层。16目的咖啡豆指的是豆子无法通过16毫米的网目。）

将不同品种的咖啡豆进行拼配时，你可能希望对这些咖啡豆分别进行烘焙，因为每种豆子的最佳烘焙曲线并不相同。大多数烘焙设备都提供了关于最小和最大重量的指导原则。在决定每一种咖啡豆烘焙多少量时，请遵循这些原则。

筛网

这是一个用于快速测量咖啡豆尺寸的筛网。如果是尺寸为16目的筛网，则意味着直径为16毫米的豆子无法通过筛孔

例如，如果你想烘焙16磅的咖啡，其中12磅是基本咖啡豆，4磅是其他咖啡豆，就需要一台最少可以烘焙4磅、最多可以烘焙12磅或更多的烘焙机。如果你的烘焙机没有提供指导，你就需要做试验了。我喜欢把需要烘焙的咖啡豆放在不同的袋子里，并贴上标签，在袋子上标明咖啡豆的名称、温度或期望的烘焙程度（城市烘焙、深度烘焙等）和重量。我把它们按想要烘焙的顺序排好，接着开始工作。我会在烘焙机旁边的桌子上放个大碗，把拼配配方里的每一种豆子都放进碗里，直到准备好彻底搅拌它们，再将它们装袋。

设备设置

对于所有烘焙设备，务必阅读说明手册。了解控制烘焙的选项以及如何安全使用这些控件。大型烘焙机需要一段预热期，并且需要在关机前冷却到一定的温度，否则金属零件可能会变形，长期下来就会出现问题。确保机器维持干净的状态，没有银皮或积聚的油脂卡在气流流经的地方，否则可能引起火灾。

在大多数商业烘焙机上，都有一个防火自动断电装置，可以设置在任意温度下启动。通常情况下，该断电温度应设置为500℉或更低。该设置应根据最高安全烘焙水平，以及预期在不同时刻（如倾倒豆子）达到的最高温度来确定烘焙机的设定。

气流大小通常以数字1～10来表示，你可能会在3开始烘焙，当豆子进入发展阶段时，将刻度调到7，然后再将其调到10，以帮助机器在每批烘焙之间冷却。请记住，增加气流时必须降低火焰和热量水平，以避免烘焙机过热。

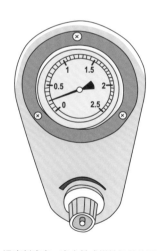

温度刻度盘：直火鼓式烘焙机的热量表示例。它不会测量温度，只显示火焰大小或火力。可以在此处进行调高或调低的设置，以缩短整体烘焙时间，或为了让发展期或初始预热达到更佳效果而进行临时调整大多数鼓式烘焙机，预热完成后的环境温度在430~480℉之间。烘焙过程中，可以调整火焰，使环境温度保持在这个范围内。

烘焙时间

根据所用烘焙机的类型，烘焙的时间差别很大。商业流体床式烘焙机的空气温度非常高，烘焙时间很短。鼓式烘焙机则根据所需的烘焙程度和风味口感，烘焙时间通常为10~18分钟。我认识一位哥斯达黎加咖啡种植者，他坚持用长达24分钟"巧克力烘焙"慢烘阿拉比卡卡杜艾咖啡豆。大多数美国烘焙师认为，慢烘的升温速率并不理想，会使咖啡豆产生"焙烤味"。但这位咖啡种植者的咖啡很美味。很多美国人在他的咖啡馆喝过咖啡后，都喜欢上了这种咖啡，并通过海运向他购买咖啡豆。

一般来说，小型家用烘焙机比大型烘焙机的烘焙时间更长。彼摩烘焙机烘焙10盎司咖啡豆的平均时间为18~20分钟，而该品牌的大型烘焙机可以在12分钟内烘焙20磅咖啡豆。

如果你正在烘焙意式浓缩咖啡或冷萃咖啡的咖啡豆，需要将烘焙时间延长20%左右，并降低火力做出相应调整。较长的烘焙时间会让豆子失去更多水分，咖啡豆也因此会产生更多孔隙，更适合利用蒸汽或者热水萃取，此时会有更多的固体和香气进入冲泡好的咖啡。烘焙时间较长的豆子，同样适合用来制作冷萃咖啡。孔隙较多、渗透性更强的咖啡冲泡得比较快，甜味也更加明显。

大部分类型和品种的咖啡豆，都可以依据基本的准则进行烘焙，不需要做出重大改变。大多数阿拉比卡咖啡豆都会进行过筛和挑选，大小相当均匀，一般在16目左右。不过，也有一些例外：

圆豆： 这是一种未分裂，外形圆鼓的咖啡豆，其质量和密度比其他豆子高出约40%。在烘焙过程中，圆豆会有不同的烘焙表现，例如一爆的声音几乎听不见，因此需要仔细观察。你可能需要为它们特别设计烘焙流程。

迷你豆： 通常都是圆豆，这种特别的豆子尺寸可以小到8目。它们比更重、更大的豆子烘焙速度更快，应该调小火力。

未分级豆： 这种豆子可能是缺乏挑选设备的咖啡种植者所采收的野生咖啡豆，或者是其他豆子以特定大小挑选后剩下来的咖啡豆。这种豆子也可能是纯艾克赛尔莎咖啡豆，但大小和形状差异很大。一个简单的经验法则是，烘焙这种咖啡豆时，让结束的温度比烘焙已分级豆子的温度高出至少5℉，以有助于以较慢速度烘焙的咖啡豆提升到进入可接受的范围。最后可能需要挑出某些"颜色不对"的咖啡豆。

湿度和起始温度： 请注意，烘焙时豆子的起始温度差异可能会改变烘焙的时间。如果你通常将豆子储存在室温为68℉的房间里，但是烘焙当天却在10℉的天气下，载着刚运来的豆子开了3个小时的车。那么你需要调整烘焙时间，以适应冰冷的豆子一开始会导致的较低温度。同样的道理也适用于暴露在湿热暑气中的豆子，它们可能会烘焙得更慢。

圆豆

圆豆是未分裂的咖啡豆，所以它们的质量通常比我们认为的单颗咖啡豆（实际上是分裂成两半的豆子之一）要大。更大的质量和密度可以产生更尖锐或坚果味更强的风味。也会让你非圆豆的标准S曲线变得不够精准。如果想要建立圆豆的烘焙模型，请永远记住从头开始设计

专家提示： 永远不要假设任何两个不同批次或季节的同一种豆子，会有相同的烘焙效果或最佳烘焙水平。例如，每次我拿到新的一批利比里亚咖啡豆，我都会进行多次试验，直到找出客人最喜欢的风味口感。根据咖啡豆和季节的不同，烘焙结束时的温度会在435~455℉之间变化。不要害怕在每个季节都重新校准烘焙流程，即便是熟悉的豆子也一样。

不同烘焙阶段的咖啡豆拼贴图

第五章
烘焙过程

烘焙科学

烘焙过程中，咖啡豆的颜色、香气和含水量会改变，并伴随着风味的转换和酸度的变化。这些变化发生的速度，以及最终的最高温度，都会改变风味口感、咖啡豆的多孔性，以及会有多少固体溶解到冲泡好的咖啡中。作为一名成功的烘焙师，就意味着要对烘焙过程中发生的事情有一些了解，并试图主导烘焙过程，做出你想要的最终产品。

了解烘焙过程中发生的变化，有助于指导我们获得特定的结果，而不仅仅是从试错中学习，并对获得的结果满腹疑惑。知识就是力量，它还可以使我们避免在试错中浪费宝贵的时间和咖啡豆。

本章要讨论的是，烘焙过程中发生的基本变化，以及变化发生的原因及时间点。

糖和氨基酸转化

美拉德反应是烹饪过程中氨基酸和糖之间的化学反应，这个反应使褐变的食物具有独特的风味。我们都能识别烤面包的味道，在咖啡烘焙过程中也能闻到这种味道。这种味道在350～390℉的温度范围之间最为明显，有时即使在420℉的温度下，也能闻到这种香气。这种味道是从类似发酵酵母的烘焙香气发展而来的，演变成我们熟悉的烤面包味。这个化学反应是以法国化学家路易斯·卡米尔·美拉德的名字命名的，他在1912年首次描述了这种反应。

水分损失

咖啡豆在烘焙过程中会失去水分。通常情况下，豆子在轻度烘焙中会损失13%的水分，在深度烘焙中会损失17%或更多的水分。你要明白，如果你烘焙了3磅咖啡生豆，最终的咖啡熟豆会少于3磅！

密度和孔隙度

咖啡豆烘焙时，它的密度会降低，孔隙度则会增加。咖啡豆在刚开始烘焙时很坚硬、密度高，经过烘焙，逐渐变得更易碎、更脆。你可以很容易地通过咀嚼不同烘焙程度的咖啡豆来体验这一点。轻度烘焙的咖啡豆很难咀嚼，也不会完全碎裂。更深度烘焙的咖啡豆很容易嚼碎，并且很快就会在嘴里变成细小颗粒。你可以注意到，当人们制作裹着巧克力的意式浓缩咖啡豆时，他们通常使用深焙、慢焙的方法，使咖啡豆像糖果一样适合咀嚼和吞咽。用轻度烘焙来制作像糖果一样可咀嚼的咖啡，恐怕会对敏感的牙齿造成伤害，因为轻度烘焙的豆子很难被咬碎。使用较慢、稍微深度的烘焙方式通常对意式浓缩咖啡很有好处，因为它增加了咖啡的孔隙度和在冲泡时对固体成分的萃取。

酸度

　　轻度烘焙的咖啡豆比中度或深度烘焙的咖啡豆酸度更强。这里指的是基本的氢离子含量：用轻度烘焙豆子冲泡的咖啡酸碱值比深度烘焙豆子冲泡的咖啡酸碱值（pH）低。中性数值为7。如果一种物质的酸根离子比中性的多，则为酸性。如果酸根离子比中性的少，则为碱性。

　　常见食品的酸碱度测定值：

2.0	醋
3.0	柚子汁
4.0	番茄汁
4.3～5.6	咖啡
6.0	牛奶、蛋黄
7.0	中性水
8.0	海水
9.0	小苏打

　　酸碱值是一种对数数值，表示每个数值之间的差距是10倍。pH为6.0的单位所含氢离子比pH为5.0的单位低10倍。pH4.0的氢离子浓度是pH5.0的10倍。因此，从pH6.0到pH4.0，酸离子浓度增加了100倍。

　　当我们在讨论咖啡使用"酸"这个词时，不一

定指的是pH。大多数咖啡中酸的pH都比咖啡溶液要高。"酸"之所以称之为酸，是因为化学定义。有些酸会在烘焙过程中形成或增加，可能会影响到味道，但并不会让pH降低。

绿原酸（CGA）在咖啡中的含量比在任何其他植物性食品中都要丰富。绿原酸会影响风味和整体pH平衡。但咖啡也含有奎宁酸、乳酸、苹果酸、柠檬酸和乙酸。这些酸大多数会因为加热而减少，但有些酸是在咖啡过度烘焙时开始形成的，而这些酸通常会让我们的身体不舒服。

在阿拉比卡咖啡中，绿原酸含量通常为6%～7%，而在罗布斯塔咖啡中，绿原酸含量高达10%。然而，罗布斯塔在冲泡时pH往往都比较低。在烘焙过程中，绿原酸缓慢分解形成咖啡酸和奎宁酸。中度烘焙的咖啡豆在烘焙过程中，大约会失去50%的原有绿原酸。

通常，咖啡酸度会因以下因素而降低：

- 低海拔种植
- 遮阴种植
- 日晒法
- 特定的品种
- 更长时间、更深度的烘焙

酸度是许多咖啡爱好者关心的问题。如果他们的胃常常会因喝咖啡而不舒服，可以选择pH为5.1及以上的咖啡，就不会有这个问题了。我会定期检测从大型连锁店购买的商业咖啡，发现大多数情况下，中等烘焙咖啡的pH为4.9或更低。但是，我自己烘焙的咖啡pH通常都在5.2～5.6。我把这归因于

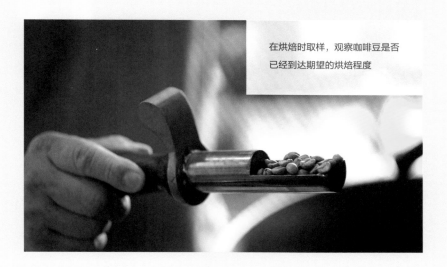

在烘焙时取样，观察咖啡豆是否已经到达期望的烘焙程度

样本烘焙

烘焙者不想在烘焙温度和时间的试验上浪费大量的咖啡豆。在使用大型烘焙设备之前，他们通常会用一个非常小的烘焙机，来进行研究与开发（R＆D）。一旦确定了烘焙条件，他们才会尝试着应用在大型烘焙机上，试图得到同样的烘焙结果，并根据需要进行调整。

如果你是在小型家用设备上烘焙，那么每一次的烘焙，其实都是所谓的样本烘焙量。如果你的烘焙机无法提供可再现的结果，也就代表没有控制的参考基准或可用的数据。如果无法记录样本独特的原因，就无法将烘焙数据转换到更大的烘焙机上，就不能期待较大量的烘焙会成功。实际上，就是还停留在试错阶段。

如果你使用的是更大的烘焙机，你需要先使用一个可再现烘焙成果的样本烘焙机，一次试验所用的烘焙量通常是3～8盎司。这些量足够做杯测、陈化和其他测试了。

简单的指导原则就是，每次进行样本烘焙时，都要清楚自己在测试什么。举例来说，你可能会建立一个温度与时间的烘焙模型，或是巧克力色调、烘焙温度和着色的模型。尽量减少样本烘焙的次数，只要足以得到想要的可对照结果就可以了，接着再进行杯测和评估。最好能先让豆子静置休眠一段时间后再进行。然后，将这些结果用于指导大型烘焙机的烘焙发展。

我用了更长的烘焙时间（15～18分钟，而通常的行业做法是12分钟），也跟我习惯购买经过仔细挑选、去除未熟豆和瑕疵豆的豆子有关。我建议所有烘焙师都要密切关注咖啡的pH，可以买一个简单的pH计，比如米沃奇（Milwaukee）型pH计，价格通常不会超过30美元。

抗氧化剂

咖啡含有高浓度的抗氧化剂。抗氧化剂只有在加热到至少170℉的温度后，才能为人体所用。6盎司的中等烘焙咖啡中，可能含有200～550毫克的抗氧化剂，远远超过绿茶和大多数被认为含

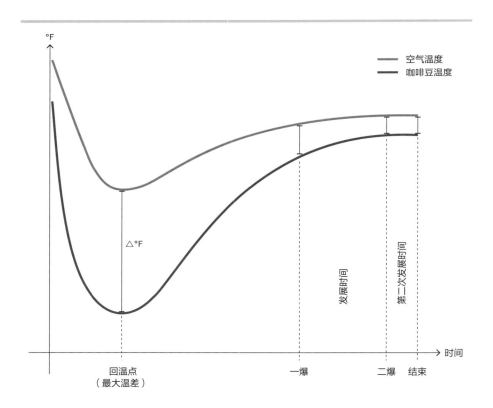

有高抗氧化剂的饮料。在烘焙过程中，抗氧化剂会被破坏，所以烘焙的程度越轻，抗氧化剂的浓度就越高。

烘焙（S）曲线

烘焙（S）曲线只是时间与咖啡豆颜色或温度的数值图形。由于形状的原因，它被称为S曲线，但大多数烘焙者更喜欢简单地使用术语"烘焙曲线"。绘制完曲线后，可以在上面做一些注释。

烘焙曲线可以通过观察进行手工绘制，也能让连接感应器的软件使用烘焙机产生的数据进行绘

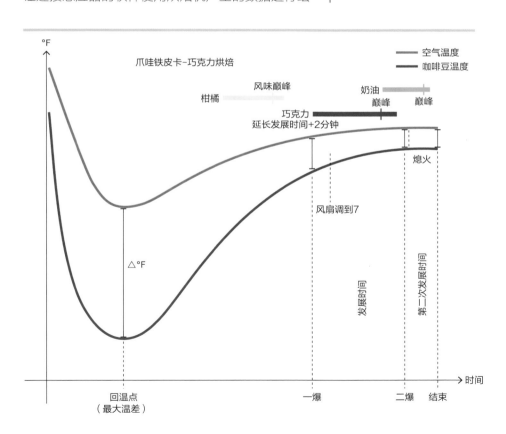

制。由软件生成的烘焙曲线，可用于控制后续的烘焙。通常情况下，烘焙曲线用来获得特定的烘焙结果，因此你需要在特定时间提取样本或整个批次，以便在以后进行对照比较。通常是通过"杯测"程序，这是一种用来分析咖啡风味的特殊冲泡测试。

另一种创建烘焙曲线的方法，是尝试不同的温度设置和烘焙时间，并在特定的标记时间抽取样品，例如温度每次变化10℉的时候。也可以建立一张表格或记录，记录每个取样点的咖啡风味。接着，将这些结果和不同温度及时间的试验进行对照。

最后，为一个特定的最终成品建立烘焙条件，比如"中度烘焙苏门答腊林东"或"巧克力烘焙威莱路布斯"。想要复制一个预先计划的烘焙成品时（无论是自己喝还是出售），都必须遵循你创造的烘焙条件。

每个豆子都是独一无二的

大多数消费者都认为咖啡是一个简单的概念：咖啡豆看起来都很像，只是烘焙程度的不同带来了风味差异。毕竟，烘焙后的咖啡豆看起来都一个样（研磨后的咖啡粉更是如此）。这就是为什么当我们问大多数顾客他们喜欢哪种咖啡时，最常见的回答通常是先选择咖啡的烘焙程度，比如"我喜欢深度烘焙的咖啡"。如果再追问，他们通常会说"我喜欢苏门答腊"之类的答案。

事实上，咖啡的基因是非常多样的，而基因多样性和处理方法（日晒、水洗等）往往决定了他们喜欢的风味。

成熟度不同
的咖啡樱桃

烘焙咖啡豆颜色简图

　　用来辨别标准的咖啡豆烘焙颜色，并为每种咖啡豆颜色命名的基本图表有两种。一种是一系列的色块卡，用扣环穿在一起或用活页夹装订在一起。色卡的色阶变化十分细微，也会有名称或数字的标签在里面。这些色卡的数量可能多达几十个，其中的色阶变化也非常细微。另一种是一个简单的图表，就像复印在第97页上的那个。这是我为了快速简单地识别烘焙水平而开发的图表。其中有七种颜色，代表最常见的术语和烘焙温度。虽然很多人给烘焙颜色取的名字各不相同，有时甚至相互矛盾，但我选择了几种容易辨认且常见的名字，范围从所谓的"黄金（肉桂）烘焙"到"法式烘焙"。

　　我给每个烘焙程度都加上了温度，但只是指导建议。每台机器烘焙出这些颜色所需的温度都有所不同。我在烘焙时，经常把几颗豆子拿出来，放到图表上，眯起眼睛，让细节变得模糊，试着判断咖啡豆会"融入"哪个颜色。

　　小心滚烫的豆子，它们可能会烫伤你，或者烧熔、烧焦图表。小心地拿取咖啡豆，放在图表上的时间不要太长，或者在图表上垫上一块薄薄的玻璃。如果你不需要在烘焙时做快速检查，就让咖啡豆先冷却，然后再放到图表上。

这张色表将多种烘焙程度简化成七个实用阶段，对家庭烘焙者来说很有帮助。以下显示的温度值是以10磅商业烘焙机为基准。这份色表仅作参考。把几颗烘焙好的咖啡豆放在色卡上，直到找出最匹配的颜色。

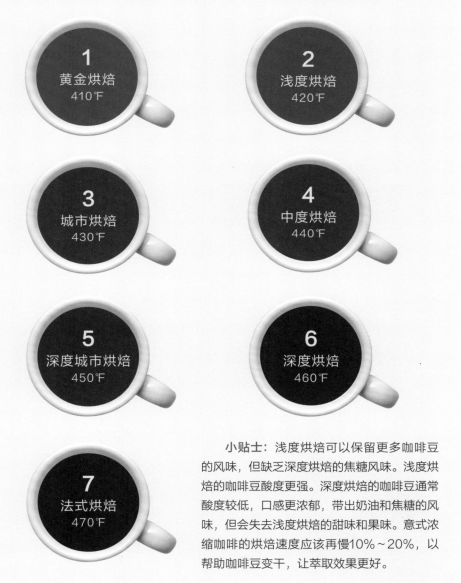

小贴士：浅度烘焙可以保留更多咖啡豆的风味，但缺乏深度烘焙的焦糖风味。浅度烘焙的咖啡豆酸度更强。深度烘焙的咖啡豆通常酸度较低，口感更浓郁，带出奶油和焦糖的风味，但会失去浅度烘焙的甜味和果味。意式浓缩咖啡的烘焙速度应该再慢10%~20%，以帮助咖啡豆变干，让萃取效果更好。

烘焙阶段

烘焙时，咖啡豆的变化发生得很快。如果能提前知道接下来会发生什么，会比较好控制。因为当你取样、检查咖啡豆时，豆子已经进入下一个烘焙阶段了。另外，要记住，将咖啡豆从热源中取出后会有一段延迟时间，在此期间，咖啡豆仍在利用自身的放热进行烘焙。你会想要在豆子刚进入想要上色的阶段时就取出，在豆子冷却的过程中，咖啡豆的颜色还会再进一步加深。

褐变

咖啡豆要经过几个褐变阶段，才能达到大多数消费者冲泡咖啡的程度。当烘焙温度从320℉上升到375℉时，会散发出类似干草、烤面包和吐司的香气。这是阿拉比卡咖啡典型的香气。你可能会发现罗布斯塔和其他咖啡物种并不会表现出这种香气发展阶段。

一爆

当豆子温度接近390℉时，它们会出现一种称为"一爆"的现象。此时，咖啡豆外层会变得干燥，内部的水分迅速膨胀并转换成水蒸气，让豆子破裂膨胀。通常伴随着相当大的破裂或爆裂声。

肉桂/极浅度烘焙
温度范围 395～410℉

刚进入一爆的豆子颜色通常被称为肉桂。我喜欢称它为"黄金"，因为初学者通常以为肉桂指的是味道。

肉桂/极浅度烘焙

浅度烘焙

温度范围 410~425℉

咖啡豆一爆结束后，大约需要1~2分钟，此时的烘焙程度被称为浅度烘焙。有些烘焙师会将这个焙度较浅的阶段称为"新英格兰烘焙"或"美国烘焙"。咖啡豆会在一爆的巅峰起锅。当把豆子倒进冷却装置时，仍有一些豆子在爆裂。此时会闻到烤吐司的味道和香气，以及黑糖和明显的柠檬或柑橘调性的风味。柑橘调性的风味可能会从酸柠檬汁的味道与香气，发展为不那么酸的味道和香气。

城市烘焙

温度范围 425~435℉

城市烘焙通常指的是在一爆结束后1分钟左右起锅的咖啡豆颜色。当它们被取出并冷却时，几乎所有的豆子都裂开了，呈浅棕色。在这一阶段，咖啡豆原本的味道都还在，可能还有一些柑橘调性的风味。此时还没有发生太多的美拉德或焦糖化反应。巧克力调性的风味也还没有形成，酸度仍然相当高。

中度到深度城市烘焙以上

温度范围 435~445℉

中度烘焙指的是在一爆结束后，经过了相当长的发展时间。最短的时间是在听得见一爆之后的60秒左右。此时，咖啡豆外表已变得光滑，颜色变深，某些焦糖化反应已经开始发生，带出一些奶油、焦糖和巧克力调性的风味。果味、甜味、柑橘和更多的花香风味开始减少。在接近二爆之前的烘

焙程度都是中度到深度城市烘焙的范围。一爆约
2分钟之后，烘焙程度就可以被称为深度城市烘焙
以上。

二爆

　　直到二爆开始时，烘焙才进入下一个阶段，而
二爆会持续至少30秒。当豆子中心的温度逐渐增
加到与豆子外层相同时，豆子中心含有的水分会开
始蒸发，导致二爆。接着，豆子会膨胀得更大。
一爆的特色就是爆裂声响亮而明显，二爆则很安
静，听起来就像把牛奶倒在脆米麦片上一样——有
很多细小的爆裂声。

深度烘焙（维也纳式烘焙）
温度范围 445～455℉

　　"深度烘焙"所指的意思有时候并不一致。深
度烘焙既可以指在二爆期尾声时将豆子起锅，也可
以指在二爆结束几秒钟后将豆子起锅。二爆是一个
逐渐结束的过程，大约在二爆开始后的2～3分钟
之间。此时咖啡豆的颜色会变得更深，通常被称为
维也纳式烘焙。深度烘焙咖啡豆如果再继续烘焙下
去，咖啡豆便会失去原有的风味口感，开始呈现出
一种烘焙的味道。这意味着，这种程度的烘焙和炙
烤会让所有的豆子产生相似的味道，深度烘焙特有
的普通风味会掩盖咖啡豆本身的独特风味。

进一步发展

　　在二爆结束后，有一个1～2分钟的短暂第二
次发展期，此时的咖啡豆相当安静，但颜色会变

深。咖啡豆开始碳化，烘焙风味则开始逐渐掩盖咖啡豆的原始风味口感。

法式烘焙

温度范围 460～465℉

法式烘焙

法式烘焙是指咖啡豆在二爆结束后完全经历了第二次发展阶段。经过维也纳烘焙阶段后，咖啡豆颜色通常开始变成棕色/黑色。法式烘焙咖啡豆并不是纯黑色，仔细观察深色的豆子，你会发现它们是深棕色，而不是黑色。

这一阶段通常会产生大量的烟雾，这种烟雾和咖啡豆的碳化反应使法式烘焙咖啡豆具有烤吐司的味道和香气。如果你没有闻到烤吐司的味道和香气，这说明还没有到法式烘焙阶段。此时，咖啡豆已经失去了70%的风味口感，取而代之的是烤吐司、奶油般顺滑的口感。巧克力调性的风味会持续存在，但所有的果香和花香都消失了。

意式/西班牙烘焙

温度范围 470～480℉

意式/西班牙烘焙

烘焙师通常会避开意式/西班牙烘焙。此时咖啡豆原有的风味特色几乎全消失了，只剩下烟熏味，豆子的颜色为黑色，而且高度碳化。这种程度的烘焙并非针对在家里冲泡的消费者，而可能是为了给咖啡馆提供独特、极深烘焙的风味，以作为咖啡馆特色搭配使用。在这个阶段，豆子随时可能因为悬浮的银皮碎片接触到豆子外层的油脂，而突然起火。如果烘焙的时间足够长，豆子在起锅时，甚至可能会因为突然与外部迅速流入的氧气接触而起火。

一个简单的事实：

一个适当的烘焙曲线应该要让咖啡豆的颜色从里到外始终保持一致。如果咖啡豆表层的颜色比内部深，风味口感就可能会不足。这可能意味着你的烘焙时间太短，或升温曲线不平稳。检查咖啡豆内外颜色是否一致的一个简单方法是，从同一批豆中取出一颗完整的豆子、一块破裂的咖啡豆碎片和一点研磨后的咖啡粉，然后将它们放在相应的色卡上进行比对，它们都应该符合预期中烘焙咖啡豆的颜色。

冷却咖啡豆

关于风味的有效冷却时间究竟是多长，人们一直在争论，但普遍认为冷却时间越短越好。某些小型烘焙机，如彼摩烘焙机，没有控制冷却时间的操作选项（预设为13分钟），而在大多数大型烘焙机上，有一个冷却盘或类似涡流冷却器的装置，可以加快冷却过程。温度越快降到200℉以下越好，这样的话，豆子就不会因为内部的放热而在内部持续烘焙。

大型鼓式烘焙机有一个非常有效带有风扇的冷却盘，能将空气往下抽，流过正在搅拌的咖啡豆。通常在3～4分钟之内，豆子的温度就可以冷却到能够触碰的程度。这样是最理想的。当使用20磅重的直火式烘焙机时，就需要把豆子倒进一个自己设计装有风扇的冷却盘里。所有人都能制作这种设备：

制作一个2英尺①宽、5英尺长的简单框架，并在框架内安装穿孔的冷却烤架板或滤网（孔洞的直径最好至少是1/16英寸②），接着，把风扇安装在其中一端，让冷却的咖啡豆从另一端滑落。风扇在冷却豆子的同时，用勺子或搅拌器不断地翻动豆子。根据烘焙程度和环境温度的不同，我可以在大约6～8分钟内冷却20磅豆子，这是一个可接受的冷却时间。

银皮控制

银皮非常易燃。如果咖啡豆烘焙程度很深、

---

① 英尺：1英尺=30.48厘米。
② 英寸：1英寸=2.54厘米。

咖啡豆烘焙
后收集起来
的银皮

基本烘焙过程快速参考表					
烘焙阶段	褐变	一爆	发展时间	二爆	第二次发展时间	碳化
温度	310 ~ 370℉	380 ~ 395℉	400 ~ 435℉	440 ~ 450℉	455 ~ 465℉	470℉ +
风味	干草 / 面包 / 吐司	柑橘类 / 花香 / 烘焙味道	柑橘 / 果香 / 奶油 / 黑糖	焦糖 / 奶油 / 巧克力	巧克力 / 极度奶油 / 烟熏	炭烧味

油脂多，银皮也会变得黏黏的。大多数烘焙机起火，是因为燃烧的银皮接触到表面出油的滚热豆子，而豆子因此被点燃。每种咖啡豆脱落的银皮量都不一样。我最喜欢的巴西阿拉比卡日晒豆，会有大量银皮脱落，而来自越南的罗布斯塔水洗圆豆，几乎不会有银皮残留。我在烘焙阿拉比卡的时候，每烘三锅就要把银皮过滤器清空，但如果是烘焙罗布斯塔咖啡，我可以烘12锅甚至更多才需要清理银皮过滤器。

每台烘焙机处理银皮的方式都不一样。请确保已经尽力试着将所有银皮倒入收集篮等设备里，并确保银皮不会在烘焙中的咖啡豆附近堆积。检查所有的银皮过滤网及整个通风管，确保没有任何东西堵塞，以免发生火灾。

银皮是很棒的东西！它富含营养，你可以很容易地找到一个园丁，他会想要把这些收集起来的银皮拿去做堆肥或埋进土壤中。我有一位园丁朋友，总是定期来找我拿银皮。

烘焙程度

以下展示的是与咖啡豆常见烘焙程度相对应的颜色。

肉桂烘焙

浅度烘焙

城市/中度烘焙

深度城市烘焙

深度烘焙

法式烘焙

意式烘焙

烘焙快速参考指南

鼓式烘焙机快速参考

本快速参考指南，展示了使用鼓式烘焙机烘焙的基本流程，无论是小型或大型烘焙机都可以参考。其中提供的温度范围是近似值，实际温度请根据你的设备、探头和咖啡豆类型来决定。

预热

如果使用的是小型烘焙机，比如商业样本烘焙机或彼摩1600。建议每天第一次烘焙前先把烘焙机预热一下。尤其是你想要深度烘焙12盎司或更多咖啡豆时，这一点尤其重要。打开烘焙机电源后，让机器启动常规烘焙流程，但不要装上滚筒及银皮收集篮，接着在30～45秒之后切断机器电源。

如果使用的是更大的鼓式烘焙机（烘焙量为3磅及以上），一定要让烘焙机在最低加热设定下运转，直到环境温度达到300℉。我会让我那台10磅烘焙机预热30分钟。适当地预热和冷却烘焙机有助于防止机器滚筒和轴扭曲。

倒入豆子

使用小型烘焙机时，将咖啡豆倒入滚筒后安装到机器上，接着启动烘焙机，进行你想要的烘焙周期或烘焙设置。

使用较大的烘焙机时，将咖啡豆倒入料斗时，料斗底部的活动挡板要保持关闭。等咖啡豆全部倒进去后，打开活动挡板，启动计时器，将机器加热到理想的烘焙温度。接着将风门设定在3（如果你的刻度是1～10）或同等数值。关闭活动挡板。温度较低的咖啡豆将降低烘焙室中的环境温度，接着会在大约160～185℉之间"回温"，然后环境温度和咖啡豆温度开始升高。

观察并聆听一爆的声音

温度范围是350～390℉。

如果可以的话，在7～9分钟之后取样；如果无法取样，请聆听第一声响亮的爆裂声。通常，咖啡豆会在破裂前经历褐变阶段。我将基本的褐变阶段称为"面包""吐司"和"柑橘"，因为这些香味会在褐变过程中发展出来。咖啡豆的品种则会决定柑橘香气的明显或缺乏。

鼓式烘焙机

鼓式烘焙机的主要组成部分通常是非常相似的。滚筒经由热源加热，咖啡豆在滚筒里每分钟滚动30～60次，才能烘焙均匀。电子和机械控制使得这一过程可以随着烘焙的进程进行调整和改善。

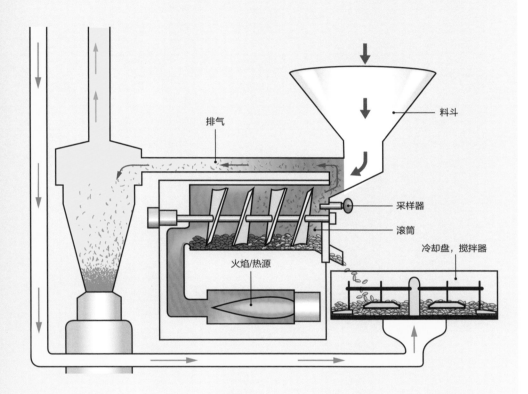

排气

料斗

采样器

滚筒

冷却盘，搅拌器

火焰/热源

料斗：咖啡豆经由此处进入滚筒。料斗底部有一个活动挡板，用于停止或让咖啡豆往下移动。

滚筒：滚筒有斜角形刀片，用于在咖啡豆滚动时分散豆子。

采样器：可以在任何时候使用采样棒抽查咖啡豆的颜色和香气。

火焰/热源：热源通常位于底部，但某些电子烘焙机在滚筒侧面也有加热元件。

排气：排气让加热空气与银皮通过滤网，流向外面。

冷却盘：风扇让空气通过循环的豆子，使豆子快速冷却。

一爆

温度范围：380～405℉。

一爆的开始和结束可能很难确定，因为豆子从来不会乖乖听话！此时的烘焙曲线看起来像是钟形，而大部分的爆裂都是发生在钟形曲线的中间。当只剩下一点掉队的豆子在爆裂时，我称之为一爆"完成"。如果想要肉桂烘焙或极浅度烘焙，你需要在一爆逐渐结束时或一爆结束后1分钟内，就进入冷却阶段。

这样的咖啡会有一种酸味，可能是柑橘味或果味，也很有可能伴随一些奶油、吐司和黑糖风味。

烘焙特点发展

温度范围：405～445℉。

在一爆结束后的2～4分钟之内，咖啡豆会进入焦糖化阶段，此时黑糖风味会逐渐消失，而最终的天然风味会开始发展。此时，咖啡的酸度会降低，巧克力调性和某些独特的果味可能会出现并逐渐增强。奶油的香气和味道会持续增加。

在这一阶段，许多烘焙师会将风门开到7左右，并降低火力，以有利于烟雾排出，延长发展时间。此时，咖啡豆会自行放热，提供许多必要的热能。

二爆

温度范围：445～465℉。

在第一次发展阶段结束后，咖啡豆会开始爆裂，再膨胀一点。在20～30秒后，咖啡豆可能会完全进入二爆阶段。二爆阶段很难掌控，所以要小心！有些咖啡豆会在一爆结束后1分钟内就进入二爆，就算降低环境温度也一样。其他豆子则可能需要4～5分钟的时间。二爆阶段也可能会持续很长时间，因此，如果你发现

二爆阶段持续了3分钟以上，就应该确保豆子的上色程度还没有太深。如果在二爆开始时就起锅，会得到中度或深度城市烘焙。如果在二爆尾声起锅，就会得到深度烘焙。二爆之后的2～4分钟内，咖啡豆会进入维也纳烘焙，然后是法式烘焙。

冷却

如果你用的是小型烘焙机，请按下冷却按钮，或者关闭热源，打开风扇。如果还有余力，就把豆子起锅。烘焙好的豆子非常热，可能会让你严重烫伤。小心拿取咖啡豆，以及不要碰触任何在烘焙过程中被加热的机器表面。把豆子放在一个又长又宽带有风扇的冷却托盘上，并在豆子冷却时搅拌它们。

如果使用的是大型烘焙机，启动冷却盘，拉动倒豆杆，将风门调到最大值，然后将火力降到最低。只要能使豆子温度在几分钟内降到170℉以下，冷却时间并没有那么重要。理想情况下，豆子能在3～8分钟内降温至可以用手触碰的程度。

烘焙的科技未来

现代社会的咖啡烘焙在获得适当许可证和满足环境需求方面面临挑战。就连在自家后院的咖啡烘焙，可能都会面临烟雾乱飘的问题。此外，燃气或液体燃料也会带来安全问题。我们还需要正视一个更大的问题，即全世界每天都要进行大量的咖啡烘焙，这会对空气质量产生什么影响。

目前大多数减少烘焙排烟的解决方案既昂贵又笨重，而且排烟控制产品的制造商通常都不会与烘焙设备的制造商密切合作。

在过去的3~4年，已经有大量的研发工作，将咖啡烘焙设备作为一种独立、集成的技术进行了重新发明。许多新的烘焙机已经申请了专利，这些机器在热源、烘焙过程和排烟控制方面采取了更加全面的设计，目标是创造"一体式"设备解决方案，以应对烘焙、安全和环境影响的各方面。

加利福尼亚州的贝尔威勒咖啡公司创造了一个集成系统，可以烘焙大约6磅的咖啡豆，并且完全自动化。这个系统的电源是240V交流电，内置了一个排烟控制系统，并获得了烟雾零排放的认证。它还可以连接到网络和本地的平板电脑，以存储烘焙文件。

我发现这项技术是一个很大的进步，这为那些需要为咖啡店或小型邮购业务生产合理数量咖啡产品的烘焙师提供了简单、环境友好的解决方案。我很高兴能看到这样的进步，它最终会改变适用于小型烘焙公司常用烘焙量的烘焙本质。

重要烘焙注意事项和提示

罗布斯塔、利比里亚、艾克赛尔莎和某些源自阿拉比卡的品种与常见的咖啡豆一爆和二爆表现不一样。这就是为什么在烘焙新产品、物种或品种的咖啡时需要观察和取样，同时也是为什么试验和记录结果很重要的原因。罗布斯塔咖啡的一爆通常很安静，而且，从二爆到烧焦可能也只需要不到2分钟的时间。

专业的烘焙师并不会因为一种豆子在烘焙过程中出现非典型的表现而惊讶，通常在观察几次之后，他们就会知道自己该预期些什么。

所有的风味发展所需的温度与时间并不相同。这就是为什么建立特定咖啡豆的烘焙曲线并进行测试会很有帮助。例如，一种肯尼亚咖啡豆可能有柑橘的风味，但如果烘焙不好，制作成意式浓缩咖啡时就会非常难喝，其pH可能是4.3，尝起来像柠檬汁。因此，讲究的烘焙师会不断观察和试验这种咖啡豆在达到不同烘焙阶段与颜色时的表现，直到可以判断柑橘味从什么时候开始消失，其他风味特征什么时候开始出现。如此一来，就比较有可能创造出一杯更好喝且令人愉悦的美味咖啡。烘得较慢、升温较慢（410~430℉），也会减少柑橘风味。

咖啡中出现的不良气味，如难以忍受的酸柠檬味、霉味、甘草味或金属味等，可能都是因为咖啡豆本身及处理方法造成的缺陷。不要认为一定是自己烘得不好。试试其他产区的豆子，看看相同的烘焙过程是否也会产生同样不好的结果。如果不是，就放心归咎于豆子吧，下次再购买不一样的豆子就好了。

上图：刚烘焙好的咖啡豆

下图：烘焙师在烘焙过程中取样

将咖啡豆倒入
商用烘焙机

为杯测准备的排列整齐
的咖啡豆和咖啡粉

第三部分

烘焙之后

一名男子在杯测时
嗅闻咖啡的香气

第六章

杯测、品尝和评估你的烘焙成果

什么是杯测？

正如我们所知道的，消费者有不同的生理状况和偏好，所以很难客观地判断咖啡是否好喝。你如何将一杯咖啡与另一杯进行比较？举办比赛的国际组织认为，有必要建立一套共同的标准和协议，以便为咖啡豆和冲泡的品质评分提供一些依据。比如，意式浓缩咖啡和滴滤咖啡有不同的标准。另外，买家如何评估来自不同农场和地区的咖啡豆品质？买家怎样才能合理地保证咖啡会受到消费者的欢迎？我们如何确定某产地的咖啡每磅值多少美元？

最后，我们针对如何品尝与享受咖啡建立了一套重要的品质标准，也建立了针对咖啡采购及比赛的评价办法，其中一项被称为"杯测"。杯测过程会进行一系列程序，以比较不同咖啡的优点和特征。杯测最重要的第一步，就是确保样本量足够大，能够真正代表一次取样或一个批次。

杯测师会根据一般的烘焙和休眠程序进行咖啡烘焙和冲泡，并冲泡许多杯样品，以确保他们的样品量足够大，不会错过一些东西。杯测师会将这些咖啡样品进行比较，寻找其中的差异，然后通过填写评分表来评估他们的品尝体验，最后得出一个综合分数，这个分数应该反映出这批咖啡的相对优点。

精品咖啡协会（SCA）的杯测标准

每个烘焙师都需要了解杯测的世界标准，以便理解随处可见的杯测分数和评语。在美国，通常使用的标准是由精品咖啡协会（SCA）制定的，该指南在其网站上以PDF格式提供。

请注意，精品咖啡协会（SCA）通常也被称为美国精品咖啡协会（SCAA）。当你寻找这个协会提供的资料时，若同时看到SCA或SCAA两个名称，不用感到疑惑。

精品咖啡协会（SCA）提供指南的目的不是为了规定什么是对每一种咖啡最好的，而是建立一套规则，根据这些规则可以对咖啡进行一致的分析

精品咖啡协会杯测评分表

和比较。尽管这是一个起点，但如果你没有烘焙阿拉比卡咖啡，或者没有使用他们选择的评估烘焙水平（大致相当于城市烘焙），这套指南可能不会真正满足你的需求。

除了为比赛评价建立标准以外，杯测标准也为如何评价咖啡建立了基础，用10种不同的标准来评估咖啡。同时，还有一个评估瑕疵的扣分类别。虽然满分是100分，但实际上没有任何一种咖啡能拿到接近满分。

大多数精品级咖啡的得分在82~90之间，如果能拿到最高分，就可能有资格获得奖牌。这10个等级标准是香味、香气、风味、余味、酸度、口感、平衡度、甜度、一致性和干净度。这些杯测术语有非常具体的定义，因此阅读指南并理解它们的含义非常重要。

咖啡排成一排
等待杯测

杯测的目的与方式

我们用杯测来评价咖啡的品质，并将其作为比较咖啡的方法。从专业的杯测标准中得到的最重要的收获，是理解如何以一种有意义的方式对咖啡进行评级，并判断它们有多"好"。杯测时，请记住以下步骤：

1. **一致的流程：** 使用相同的设备、初始冲泡温度、研磨粒度、水粉比例、冲泡设备和杯子大小。

2. **嗅闻咖啡：** 研磨后立即将咖啡放在离鼻子两英寸的范围内，嗅闻两三次。与其他咖啡相比，这个咖啡有多诱人、多浓郁、风味有多丰富？你有闻到奶油、巧克力、水果或香料的味道吗？做点笔记。

3. **咖啡冷却时对其进行评估：** 为了评估咖啡在冷却时的风味口感演变，在一开始就要进行香气嗅闻和啜饮测试，接着每隔5分钟进行一次。有些产地的咖啡因其初次品饮的味道和冷却15分钟后的味道截然不同而闻名。了解这一点非常重要。冷却后的咖啡，瑕疵味会变得明显。冷却后，咖啡尝起来应该又甜又美味，并且可能会有发展后的焦糖、奶油、香草或巧克力味道。如果冷却后的咖啡味道不佳，那么很可能因为瑕疵豆或未熟豆通过酶解使味道发生了质变，或者是因为从这些豆子里溶解出来的固体物质造成的。

4. **使用测量仪器：** 至少应该准备天平、温度计和色卡来测量重量、水温和烘焙程度。或许你也

会想买一台密度计和pH计。

5. **开发词汇：**学习网上可以找到的可用材料，包括精品咖啡协会（SCA）的风味注释表。学习辨别香气和风味的一个好方法就是购买一些标识了风味的商业烘焙咖啡，看看你能否在冲泡及喝咖啡时辨别出这些风味。经验建立洞察力。

6. **建立你自己的习惯：**如果你使用的是旋风爆米花式烘焙机或爆米花机烘焙，那么杯测程序所提供的评估价值就很有限，因为这种烘焙机的烘焙一致性非常有限。但是，如果你有一个能够获得可预测且一致结果的设备，就可以采用一个简单实用的评估过程，如下面的样品杯测程序。

样品杯测程序

1. 称量约1盎司（28克）的咖啡，放入12盎司的法式压滤壶里。使用象印牌（Zojirushi）热水器（或其他类似于办公室冷热饮水机的设备），以使水温始终可以维持在195℉或机器设定的任何温度（或使用温度计）。

2. 将咖啡倒入压滤壶，然后倒入水。等待30秒，彻底搅拌咖啡粉。3分钟之后，再次搅拌，按下活塞，然后将咖啡倒入相同容量的小杯子里。

3. 在喝咖啡之前先闻一闻杯中咖啡的香气，然后呷一口咖啡，并写下对你来说重要的风味印象。接着每隔5分钟啜饮一次，直到咖啡冷却，并记下这些笔记。保存记录以便进行比较。

评估你的烘焙成果

使用一些标准来评估你的烘焙成果，以有助于你评判烘焙成果的好坏，并帮助你向他人描述和推广你的产品。以下是大多数烘焙师所使用的基本评估标准：

酸度

有些产地（如肯尼亚）的咖啡可以预期是酸性的，而有些产地（如苏门答腊）的咖啡则不是酸性的。如果你正在评估哪种肯尼亚咖啡品种符合你的喜好，或许你可以比较具有相似预期酸度的咖啡之间的酸度。或者你也可以比较不同酸度预期的咖啡，根据你对酸度的喜好，来决定你是选择肯尼亚咖啡还是苏门答腊咖啡。如前所述，酸度指的是pH，可以在pH计或试纸上测量，但它也指的是尖锐度或"攻击性"，这是咖啡给前腭和香气表现上带来的第一感觉。

醇厚度和口腔触感

这通常是指咖啡液体的黏稠度或密度，以及可以感受到的胶质和蔗糖数量。口感醇厚的咖啡普遍被认为比口感稀薄的咖啡要好，虽然口感带来的感受可能会让人们误以为溶解在咖啡液体中的固体及糖分总量较高，但实际测量的结果可能并非如此。

香气

如前所述，香气的重要性因人而异。那些喜爱咖啡香气并能极好地感受到其成分的人，是典型的

拥有更敏感前腭感受器的人或者是佛罗里达大学所说的"味觉超常者"。

不仅鼻子能感受到香气，口腔顶部的前部（前腭）也能感受到。大多数人能感受到的香气特性是香气的甜/酸以及烘焙味或焦糖调性的香气。"香气爱好者"通常会说，"这个味道会让我清醒，精神饱满。"以及"我不在乎咖啡喝起来是什么味道，我只在乎闻到的香气。"如果你想将咖啡豆分享或者出售给真正喜欢咖啡这方面的人，那么对香气进行评估是有意义的。

平衡度

复杂度通常受到咖啡豆所含糖分、氨基酸以及来自肥沃土壤的矿物质元素和其他成分含量的影响。复杂的咖啡往往更有层次性和更好的平衡度。没有单一风味占主导地位，整体感觉是令人愉快的。举例来说，如果你将尝起来有柠檬汁酸味的咖啡用在意式浓缩咖啡上，那么咖啡的平衡度就会很糟糕。

风味及甜度

这杯咖啡美味吗？它的风味调性有趣吗？你想再来一杯吗？不加奶精和糖的味道好吗？一杯好的咖啡应该会留下美好的回忆并让你产生再喝一杯的愿望。只有不好喝的咖啡才需要加入奶精和糖，让它变得可口。加入奶精和/或糖来增加风味，不应该是为了让咖啡好入口而添加，而纯粹只是出于兴趣或个人喜好。

咖啡师将热水倒入品尝杯中，并确保每个杯子都被均匀填充，以便在相同条件下对咖啡进行取样

尾韵或持久度

我喜欢用"持久度"这个词,因为"尾韵"这个词在美国似乎有负面的含义。这个术语指的是吞咽咖啡之后的风味口感与记忆的持续性。前腭咖啡,如阿拉比卡铁皮卡品种,几乎不会留下持久的风味记忆,因此在品饮盲测中,人们很难从样本中找出刚才喝过的那一杯。罗布斯塔咖啡会在软腭留下较强的感受,因此风味记忆强烈,人们通常很容易就能在盲测中将其找出来。

这就是为什么意式浓缩咖啡中经常使用罗布斯塔咖啡的原因。咖啡提供者希望顾客在20分钟后还记得那美妙的味道,然后再来一杯。对尾韵进行评估,可以指导你在拼配咖啡时选择哪些咖啡,因为你可能想平衡不同产地具有高酸度和入口刺激性较强的咖啡豆,使拼配咖啡留下令人满意的、持久的印象。

测试黑咖啡与加奶精、糖的咖啡

咖啡就应该喝黑的(不添加任何东西),这种观念在美国和欧洲得到普遍推广,但实际上在全世界并不如此。喝黑咖啡的倡导者声称,这是完整感知咖啡风味口感的唯一方式,因为奶精(或一半牛奶、一半鲜奶油)和/或糖会掩盖风味。

但研究并不支持这一观点。无论我在中南美洲还是加勒比海地区旅行时,当地咖啡种植者告诉我了截然相反的看法——咖啡的酸度会使味觉变得迟钝,难以感受到很多绝妙的风味元素,而通过牛奶和糖的缓冲，才能够感受到咖啡最细致的美妙风味。

在中美洲，我经常看到咖啡种植者们早上在煮咖啡时，也会加热一壶牛奶，并且在将咖啡倒进杯子之前，先加入三分之一杯的牛奶，加入咖啡后，再舀入两大汤匙的粗糖。我在哥斯达黎加曾对一位咖啡种植者说，这让我想起了新英格兰的"一般咖啡"，意思是加入两杯奶精或牛奶，以及双倍糖的咖啡。他笑了出来并提醒我，哥斯达黎加过去曾向新英格兰流行的甜甜圈店品牌供应了很多咖啡，或许也影响了当地饮用咖啡的观念。他还引述了一项研究内容，指出咖啡中的很多风味元素会被奶精和糖增强，而不是被掩盖。

在亚洲，很少有人会喝黑咖啡。所有受欢迎的速溶咖啡品牌，如生力咖啡、中原咖啡G7、威拿咖啡、雀巢咖啡和其他品牌都添加了不少奶精和糖。虽然某些品牌提供黑咖啡，但销量很差，以至于高原咖啡在2016年将其广受欢迎的即饮（RTD）罐装越南冰咖啡的黑咖啡版本从市场上下架，因为它实在销量惨淡。

根据我自己的研究和经验，我发现阿拉比卡咖啡的风味和口感（主要是对应前腭味道的咖啡），常常在某种程度上被奶精和糖掩盖，但某些调性的风味却会被增强，特别是巧克力和奶油调性的风味。我在对休眠期不到三天的咖啡进行杯测时，首先品尝了黑咖啡，然后再加入奶精，然后再加入糖。这种连续的方式可以让我准确感受到咖啡发生了什么变化，并有助于缓冲未休眠的豆子中木质调性和生的味道。我也相信，每个人都有自己的口味偏好，而大家需要用试错的方式找出最适合自己的

咖啡分级师正从咖啡杯中撇去咖啡渣，以测试和检查烘焙咖啡的品质

咖啡。酸味对我的味觉来说太过刺激，而且我发现除非加入一点点奶精来缓冲味觉，否则我无法完整感受含有阿拉比卡的咖啡风味。你的经验可能跟我不一样，请相信自己的感受！

奶精和糖对后腭味道咖啡的风味掩盖作用较小，这很合理，因为我们的后腭并不会像前腭一样能感受到甜味或油脂。

在像越南这样的国家，大部分这类咖啡都至少会含有一点罗布斯塔，加入奶精和糖（通常是含有全脂牛奶和糖的甜炼乳）的咖啡几乎到处都有。

休眠的重要性

正如我们前面所讨论的，咖啡在烘焙过程中发生的化学变化非常复杂，目前我们还没有完全了解或完整的记录。精品咖啡协会（SCA）的指南指出，咖啡不应该在烘焙之后立即进行杯测，而应该在烘焙后4～24小时之后再进行。这并不意味着所有的咖啡都需要休眠24小时，而是表示咖啡通常应该经过休眠，才能进行评估和饮用。

在评估你烘焙好的咖啡时，有件事至关重要：咖啡豆内的化学变化可以在烘焙后的几个星期甚至几个月都持续进行。

咖啡豆最显著的变化发生在最初几天，接着陈化现象会以较慢的速度持续好几个月。一旦咖啡豆明显变得不新鲜，我们就会对咖啡豆接下来的变化失去兴趣。

然后咖啡在几个月的时间里进入一个缓慢的过程。开始明显变质，我们就对进一步的变化失去兴趣。以下是一些基于处理的新鲜度指南：

新鲜烘焙

在印刷刊物上流传着一个常见的说法：刚烘焙完成的咖啡风味是独一无二、不可复制的。我经常读到这样的陈述："刚烘焙好的咖啡风味口感是任何东西都无法比拟的。"我知道说这些话的作者从来没有在烘焙完成的三天内进行不同时间点的杯测。事实上，几乎所有咖啡都会在烘焙完成后三天内达到风味的巅峰，但几乎全都不会在烘焙完成后就立刻达到巅峰。咖啡刚烘焙完时，还在进行着氧

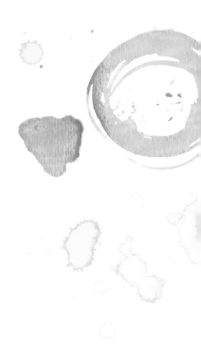

化相关的反应，通常有一种木质的、生的味道，缺乏任何可能会在后来发展出来的成熟风味。

虽然有些咖啡在刚烘焙完后就会有令人愉悦的风味口感，但大多数咖啡是没有的。我有来自巴西卡尔达斯火山土壤的一系列咖啡豆，在刚烘完时都有美妙的味道。我也有一种苏门答腊林东咖啡豆，刚烘好时特别难喝。这两种豆子都会在烘焙完成后的几天内风味达到巅峰。我可以在刚烘好巴西咖啡豆时立即进行杯测，但我烘焙好林东咖啡豆后，会等到三天后再进行杯测。若杯测的时间过早，就会有单调且木质的味道，在口中留下不愉快的尾韵。如果我不得不在第三天前就进行了评估，就无法得到能进入精品级的评估结果。但是这种豆子在第三天和第四天发生的转变十分惊人，可以说是完全改头换面，变成另一种咖啡，并能获得很高的杯测分数。

第三天

我用"第三天"作为一个时间点的委婉说法，在这个时间点上，烘焙咖啡豆原有的木质和氧化反应相关的味道已经消失，咖啡开始发展出独特的风味。大多数自己烘焙咖啡的咖啡店会在三天（72小时）后停止新鲜烘焙咖啡的休眠期，开始为顾客提供咖啡。周一烘焙的咖啡可以从周四开始供应。我家附近的咖啡馆通常会供应烘焙完3~7天的咖啡豆。他们按照一定的时间表进行烘焙，新烘焙好的豆子到第三天时，之前烘焙的豆子刚好到第七天。

咖啡馆通常提供一些一致的产品作为"每日（或每周）咖啡"。这些咖啡可能会在菜单上停留

好几天或好几周，这取决于供应商的供应情况。在不断变化的环境中，咖啡馆倾向于针对咖啡休眠期与供应方式采取固定的策略，并假定这样的量能够满足顾客的需求。更专业的烘焙屋可能更依赖于零售袋装烘焙咖啡豆，而不是出售冲泡好的咖啡。因为他们可能会做更多的咖啡研发工作，为不同的咖啡设定不同的适当休眠期。

第十八天

我使用"第十八天"作为概括性的词语来表示咖啡风味达到巅峰的时间点。根据包装和储存方式的不同，咖啡的风味可能可以维持在巅峰一段时间，或者开始慢慢地失去新鲜、美妙的烘焙风味。我们在菲律宾的一个咖啡供应商，他有一条称为"18天"的商品线，之所以起这个名字，是因为人们普遍认为烘焙完成超过18天的咖啡豆，不应该作为新鲜烘焙的咖啡豆来销售。但这种概括会产生误导，因为根据包装和储存方式的不同，咖啡的风味可能提早消失，也可能保存15个月之久。

如果我们假设所有的咖啡豆都储存在室温的干燥环境中，那么咖啡豆烘焙新鲜度的变化，就取决于包装材料的性质，以及包装时是否将盛装容器中的氧气抽除。如果小型烘焙工厂只是把咖啡豆倒入纸袋、将袋口密封（在许多国家的市场可以经常看到），那么，豆子的最佳上架期就只剩几天而已。与之相对的另一种做法则是商业烘焙工厂，他们会将空气抽除，然后注入氮气再密封。理想的容器是完全密闭的：瓶子、罐子或由四层箔和塑料薄膜制成的袋子。

毕兹咖啡（Peet's Coffee）在几年前制作过一个广告，自豪地宣传他们的咖啡豆从烘焙到被顾客从超市货架上拿下来的平均时间最短，只有90天。没错，商业咖啡豆从第一站的物流中心到生产中心，再到较小的物流中心，一路来到最终的零售店，这趟旅程要花上几个星期。通常情况

样本记录表

名称	物种	批次	日期	烘焙程度	烘焙类型	时间	笔记
巴西阿德拉诺	阿拉比卡混种	2020	2020.07.20	法式烘焙 / 468℉	意式浓缩咖啡 / 干燥	15 分钟	烟雾量多：在约 400℉ 时将风门调到 7
巴布亚新几内亚野生咖啡	阿拉比卡混种	2020	2020.07.21	城市烘焙 / 435℉	标准	12 分钟	一爆后将温度降到 30℉

空白样本记录表

名称	物种	批次	日期	烘焙程度	烘焙类型	时间	笔记

下，从烘焙完成到被客户带回家，大约需要100～120天。但是这种豆子仍保留了美妙的香气，在家冲泡时尝起来也很新鲜，因为这种豆子的包装方式是完全真空/氮气填充/四层包材。

如果你选择自己将咖啡豆装袋密封，可能会保持2～3个月的巅峰新鲜度。如果没有真空包装，可能只有2～3周。

记录你的烘焙过程

保持烘焙记录很重要，过去的经验可以对你进行指导。这取决于你是为了乐趣用平底锅烘焙还是学着使用商业鼓式烘焙机进行烘焙。你可能会想记录这两种烘焙曲线（带有注释的图表）和杯测评价与分数。第132页提供了一个简单的烘焙记录表示例，注明了咖啡品种、烘焙程度和杯测笔记。

随着时间的推移，你可能会越来越清楚自己倾向于记录什么。本书提供了空白的记录表，让你可以开始尝试。同时，我建议烘焙师在烘焙机或邻近的地方放上白板或者笔记本，可以用来做简单的笔记，比如"将巴西咖啡豆深度烘焙的曲线在7～10分钟之间降低两度，看看能否让巧克力调性表现得更好"或者类似的笔记，以有助于指导你的烘焙模型继续发展、改善烘焙曲线。这个做法不仅能在以后激发你烘焙时的灵感，而且也是一种不同的人使用同一台机器烘焙的交流方式。如果你的烘焙软件或操作控制没有制作这种记录的能力，你可能会在较晚的时候突然想起烘焙时的问题，但却想不起来问题到底是什么！

将热水倒入盛有咖
啡粉的手冲滤杯

第七章
烘焙咖啡的储存与冲泡

关于储存

什么是咖啡的适当储存方法一直备受争议，但是了解该完成什么样的储存准备，可以帮助你选择最适合自己的储存方式。有一些可以不用购买任何新的存储设备就可以采用的方法，或者你可以投资一点钱在真空封口机或允许空气泵出的容器上。在努力创造出美妙的新鲜烘焙咖啡之后，完全了解如何在尽可能长的时间内保持咖啡的新鲜和美味很有帮助。

储存方法

咖啡会因氧气、湿度和环境的剧烈变化而变质。最好将咖啡存放在许多小袋子或容器中，而不是放在一个大箱子中，并且应尽可能少地打开这些袋子或容器。容器中的环境空气，都应该尽可能多地排出或抽出。

真空密封

这个方式会清除袋子中的所有空气，但同时也会抽出豆子中保持稳定所需的一些气体。因此，在使用真空密封时，很重要的一点就是不要对空气过度抽取。

装有烘焙咖啡豆而未密封的袋子

热封

　　当将烘焙咖啡豆储存在塑料袋或箔复合薄膜袋时，完全密封的热封非常重要，热封两次会很有帮助。对于家庭使用，建议可以使用一台简易的富鲜（Food Saver）真空保鲜机和可用于热封的冷冻塑料袋。这种机器可以同时满足真空和密封的需求。

填充氮气

　　氮气是惰性的，它可以使咖啡豆隔绝氧气，防止变质。储存咖啡最好的方法是先抽真空，然后用氮气填充，最后加热密封咖啡。将以这种方式储存的咖啡进行比较时，消费者无法区分出是仅保存了几周的咖啡还是保存了12~15个月的咖啡。

冷藏与冷冻

不要将咖啡存放在冰箱或冰柜中。将咖啡置于剧烈的温度变化下，会使咖啡豆的完整性恶化，可能会导致结霜，并使袋膜变得易碎和多孔，导致豆子沾染上冰箱或冰柜的味道。除非你能把它储存在-10℉的温度下（比任何家用冰箱的温度都要低），否则，冷冻无法实质上延缓咖啡豆的老化。

开封的袋子

我发现让一袋豆子长时间保持新鲜的最好方法是倒出足够几天使用的豆子。倒出后，将袋子的顶部折叠两三次，并用橡皮筋或胶带紧紧捆住。然后将其放在室温下，避免阳光直射。当第一次倒出的量用完后，重复上述步骤。简单地说，咖啡豆与氧气接触的时间越少，保存的时间就越长。

储存容器

我发现，大多数家里有储存罐的客户都认为，将袋子里的咖啡倒进一个开着的罐子里，盖上盖子，比把咖啡放在原来的袋子里更能保持咖啡的新鲜。这种做法违背了咖啡保存最重要的原则——让咖啡与空气隔绝。每一次打开储存罐，就会有新的空气流入。以下是关于如何选择最佳储存容器及如何有效使用的一些提示。

塑料袋

切勿使用食品储存袋，比如三明治袋。这种袋子是由空气可以渗入的薄膜制作的，咖啡很快就会变得不新鲜。可以使用冷冻袋来代替。冷冻袋由更厚的材料制成，对空气和水分的渗透性要小得多。在密封顶部之前，挤出多余的空气。当我有几盎司剩余的豆子或用于小测试的豆子，而且确定会在接下来的两三天内进行冲泡或检查时，我会用冷冻袋进行简单保存。用这些袋子很方便，并且可以让咖啡保鲜好几天。但是普通的塑料食品袋不能够让咖啡保持长时间的新鲜。

多层塑料袋或铝箔袋

这类包装的渗透性非常低，在阻隔效果方面几乎与玻璃、塑料或金属一样好。这类包装的材质柔软有弹性，可以将顶部折叠数次之后用胶带、橡皮筋或金属线圈重新密封，减少咖啡与氧气接触的机会。这种方法对于大批量和小批量的咖啡豆储存都非常有效。

玻璃或其他不可渗透的罐子或箱子

这些储存方法是不良的储存方式，因为每次打开盖子时，新鲜的氧气就会进入，关上盖子之后氧气就会和豆子一起被密封。然而，它们依旧算是次要的替代保存容器。可以在罐子中再放入一个可以适当密封的袋子，提供双层防护。

注意：咖啡零售商有时候会在咖啡烘焙后立刻将其储存在类似于梅森罐的容器里。研究表明，这种做法会产生内部压力，对咖啡来说是非常好的稳定储存方法。这种方式仅适用于所有咖啡豆的保存，而不适用于需要持续使用的咖啡豆储存。通常情况下，咖啡豆排气时产生的气压，对于盖子来说有点太高。所以我会在刚开始的数小时之后，将盖子转开一点以释放压力，然后密封。若是操作得

储存方法

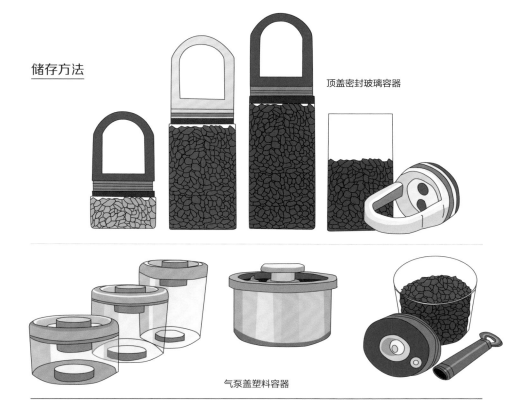

顶盖密封玻璃容器

气泵盖塑料容器

当，罐子内就会拥有足够的气压，又不致使盖子变形。许多星期后，当你砰的一声打开盖子时，你会闻到扑鼻的新鲜烘焙味道，并得到品质绝佳的咖啡。

带有活动盖的罐子

这种罐子带有可以向下滑至剩余咖啡豆顶部的活动盖，而这种特殊罐子的活动盖下压时，会将空气通过单向阀排出。虽然这种罐子是任何数量的咖啡豆或咖啡粉最佳的保存方式，但通常非常昂贵。

泵真空罐

这些带有盖子的容器，可以通过按压或泵送将容器内一定量的空气排出，从而在容器内形成某种程度的真空。这些罐子一开始效果很好，但当容器内储存的咖啡量变少时，抽真空出来的空气量就变得微不足道了。罐中的咖啡越少，咖啡变质越快。

关于咖啡豆新鲜度的最后几句话

新鲜的意思就是尝起来新鲜：不管日期过了多久，也不管咖啡是如何储存的。咖啡是否陈腐，很容易通过香气判断出来。想要识别出陈腐咖啡散发出的明显气味，你应该有意识地去嗅一些真正的陈旧咖啡，并将其气味与新鲜咖啡进行比较。此后，你就可以依靠鼻子来判断咖啡是否新鲜到可以饮用。有些咖啡可能闻起来有点陈腐，但冲泡之后依然是一杯虽然不完美但还不错的咖啡。真正陈腐的咖啡则非常糟糕。

依靠味觉和嗅觉而不是日历上的日期，可以让你发现一些有趣的事情。当我对达拉特阿拉比卡波旁咖啡进行一些烘焙试验时，对似乎无法消除的后腭苦味感到沮丧。当时我刚进入咖啡产业，还没有充分认识到让咖啡休眠的重要性（我在烘焙后几小时内就开始进行杯测）。一袋令人失望的4磅重中度烘焙咖啡被用胶带绑起来放在了架子上，然后就被完全遗忘了。两个月后，我又看到了它，决定看看它是否值得喝，或者扔掉。结果，这些咖啡豆闻起来好极了。当我开始冲泡之后，我很惊讶地发现没有一点苦味，是一杯非常棒的咖啡，拥有饱满的奶油与巧克力调性。

我想可能是我的味蕾在捉弄我，所以我重新冲泡了几杯，然后把咖啡端给了我的一个商业伙伴和几个员工，没有做任何解释。在接下来的几天里，我们享用了这个袋子里剩余的咖啡，并不断地感受到惊喜。几年后，我在精品咖啡协会（SCA）论坛上看到一位烘焙师的帖子，他"坦承"自己认为阿拉比卡波旁咖啡拥有很长的休眠和成熟期；他喜欢将其烘焙后再放置六个星期。另一位烘焙师和我也很快在上面补充了我们类似的经验。

虽然波旁具备这种"玛土撒拉基因"的长寿现象，但我对一些咖啡却有相反的体验，这些咖啡在三四周内就会变味，即使是真空包装。我发现，对于咖啡新鲜度或咖啡烘焙后多久比较美味，其实没有什么固定规则。必须依靠不断地试错，才能掌握。

冲泡咖啡

在过去的600多年中，世界各地的人们创造了数百种冲泡咖啡的方法。这本书虽然不会详细地描述这些所有的方法，但会解释基本的区别，以及为什么在过程中有很大差异的方法会产生不同的风味表现。

化学交换（Chemex[①]）咖啡壶

滴滤法

有历史记录表明，早在滴滤式冲泡方式出现之前，咖啡的饮用方式往往是将其放在水壶里用水煮沸，接着，不同文化才开始各自发展出许多干燥风格的冲泡法。电动滴滤机最早是在美国和欧洲开发的。滴滤冲泡法最重要的因素就是冲泡水是否与所有咖啡粉均匀接触，以及冲泡过程是否足够快，好让冲泡好的咖啡依然保持热腾腾的状态。

美乐家（Melitta）牌滤杯

① Chemex：手冲咖啡器具历史的经典，直译为"化学交换"，之所以取这个名字，是因为创始人Peter J. Schlumbohm是一名化学工作者。

手冲法

手冲咖啡在世界各地都很受欢迎，其中类似的冲泡过程变化也相当多元，例如中美洲"袜子手冲"（将网袋放于容器顶端），单杯手冲［如化学交换（Chemex）咖啡壶］。由于这些方式都非常简单基本，所以想借由这些方式冲出一杯理想的咖啡并不简单。在手冲的过程中，重力会让热水缓缓由上往下流经咖啡粉层。手冲法可能会有的缺点：咖啡粉层中的水分分布不均匀，液体冷却速度过快，以及滴滤的时间过长，等等。如果你在靠近咖啡粉层顶部的地方将水倒入，然后搅动咖啡粉和水，就可以改善这种状况。你可以采用二冲的方式，将冲泡好的咖啡再从咖啡粉层上倒下去。这种方式可以改善咖啡的品质，但无法阻止咖啡变冷。

越南滴滤壶

滴滤装置

滴滤装置的功能与手冲装置类似，但可以更好地控制温度和饱和度。在美国，无处不在的咖啡先生（Mr.Coffee）咖啡机就是一个常见的滴滤装置。这种冲泡方式的问题在于，机器通常有1~5个喷嘴，将热水注入咖啡粉层。冲泡完成之后观察咖啡粉层，就可以发现粉层会出现许多隆起的小山丘与下陷的小低谷，表示某些部位的咖啡粉层被萃取过度，某些部位则萃取不足。使用这类滴滤装置时，注意玻璃壶下方通常会有一个加热底座，会使放在上面的咖啡受到不均匀的热源加热，并慢慢地烧焦咖啡。由这类机器冲泡完成的咖啡，最好以隔热不锈钢壶盛装，冲泡完成的咖啡大约可以在45分钟之内保持温热与较好的风味。

越南滴滤壶也是一种滴滤装置。热水会从薄薄底板上100个以上的小洞平均流到咖啡粉层。当操作得当时，这种方法可以冲泡出非常棒的咖啡。请注意装入正确的咖啡粉量，并用大约4分钟的时间冲泡；使用滚烫的热水，并预热下方盛装的容器，让咖啡维持热度。越南滴滤壶也可以用来制作冰咖啡。最好的方式就是准备一个高玻璃杯，先倒入你想要加入的糖和奶精，然后装入冰块，最后将滴滤器放到玻璃杯上方。冲泡过程非常生动，咖啡会缓慢地滴在冰块上，比起让冰块一次与全部的咖啡液体接触，这种方式可以让冰块融化的速度降低。

所有的滴滤装置仍然依赖重力，并且不是"完全浸入"的方法。只不过，一些滴滤装置在"把水均匀地分散到咖啡粉上面"方面做得更好。

渗滤式咖啡壶和咖啡桶

在20世纪50年代和60年代，渗滤式咖啡壶和咖啡桶在美国的家庭和餐厅里随处可见。由于分子化学的一个有趣事实，渗滤式咖啡壶和咖啡桶冲泡咖啡的效果实际上很好：咖啡液体中的香气分子最高只能达到一定的黏稠程度。当浓度变得足够黏稠时，咖啡液体就像形成了门槛，无法进一步地萃取。渗滤式咖啡壶中的咖啡液体会在已经流经咖啡粉层之后，从底部向上抽到顶部，再从顶部的喷嘴（顶部通常是玻璃材质，可以让人看到咖啡的颜色）流出，并循环流经咖啡粉层。当咖啡液体达到正确的密度时，就能够自动限制过度萃取的情形发生。用渗滤式咖啡壶萃取出来的咖啡之所以风味不太理想，是因为其冲泡时间长，通常是滴滤器的2～4倍。不过，最近这种类型的咖啡冲泡壶又开始流行

渗滤式咖啡壶

起来，市面上可以看到老式的和新式的设计。有些人喜欢渗滤式咖啡壶冲泡出来的咖啡风味和冲泡量。渗滤式咖啡壶的冲泡量大约能比一般10杯滴滤机冲泡的咖啡多出20%～50%。（有趣的是瑞士水处理低咖啡因的咖啡制作原理与其相似：咖啡生豆会浸泡在已经有生豆浸泡其中的水里。咖啡因的渗透性比其他香气大分子更高，因此咖啡因会从咖啡豆中析出，但更多的香气依然会留在生豆里。）

法式压滤壶和爱乐压（AEROPRESS®）

法式压滤壶和爱乐压都是全浸泡式冲泡法，所有咖啡粉的冲泡时间相对均匀。这两者的冲泡方式很简单且快速，比大多数的滴滤机冲泡咖啡更快速。全浸泡的方式会为咖啡带来不同的风味口感。当柱塞被向下推时，两者都会为萃取增加一道新的压力元素。这会增加水通过咖啡粉的渗透性，并从中带出比滴滤法冲泡更多的物质。爱乐压额外增加的压力要比法式压滤壶更大，所以萃取出来的咖啡介于重力滴滤冲泡法与其他加压冲泡法之间。

意式浓缩咖啡

意式浓缩咖啡利用压力将蒸汽或高温热水推动流经咖啡粉，使产生一种与重力滴滤法截然不同的风味口感。更多的固体物质溶解到了水中，然而，这并不总是能给咖啡带来加分效果。有些咖啡似乎适合做成绝佳的意式浓缩咖啡，但有些咖啡则会产生平衡与口感极差的结果。如果咖啡烘焙得更慢（因此它们变得更干燥）或烘焙程度更深，意式浓缩咖啡的味道会进一步增强，因为更干燥、更脆的咖啡可以让蒸汽或热水更容易渗透。大多数拿铁

法式压滤壶

和精品咖啡会使用意式浓缩咖啡作为基底，因为如果一开始不浓缩，牛奶和糖会降低咖啡的浓度。

大多数位于欧洲、加勒比海地区和中美洲的咖啡馆，都只使用意式浓缩咖啡机，因为当地居民偏好这种风味口感。如果你要一杯美式咖啡或一杯简单的咖啡，他们通常会制作两杯意式浓缩咖啡，然后加热水稀释成普通滴滤式咖啡的强度。更完整的萃取过程能创造出更丰富和更美味的咖啡。

冷萃

这是一种压力极低的咖啡冲泡方式，这种方法会将咖啡粉浸泡在室温水中数小时。这是一个完全浸没的过程，基本上是一种浸渍。本质上，冷萃冲泡法与意式浓缩法相反，冷萃只溶解了咖啡粉完整风味口感与酸度的一部分。冷萃咖啡的拥护者喜欢其更低的酸度，并且低压冲泡倾向于带出较单纯简单的咖啡特质（我将其称之为"咖啡糖果"）。可能会是非常棒的风味口感，也可能会有点稀薄且不完整。这取决于咖啡本身。想要知道哪种咖啡适合冷萃，还需要做一些实验来探究。

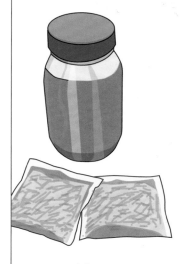

冷萃

冲泡方法技巧

不同的咖啡都有其创造最佳表现的不同冲泡方式。我还没有找到预测不同咖啡在不同冲泡方式下有何表现的方法。想要让你的咖啡有最佳的冲泡方式，你需要尝试不同的烘焙水平和研磨细度，并且记住，你要评估的是咖啡在低萃取度方法和高萃取度方法下的表现如何。还要强调的一点，你应该把你的试验记录下来，并且不要害怕尝试新事物。

一位女士正在嗅闻刚烘焙好的咖啡豆散发的香气

如何成为一名咖啡艺术家

　　学习咖啡有关知识的主要目的，是让你了解烘焙过程，而不仅仅是加热咖啡豆。最后一节提供了一些技巧，这些技巧将使你从普通的烘焙师中脱颖而出，帮助你成为一名咖啡拼配大师。

多元物种与品种拼配

　　世界上最成功、最长寿的咖啡是拼配咖啡。毫无疑问，你会烘焙单一产地的咖啡豆，以探索咖啡豆特定的风味表现，并尝试为每种咖啡豆找到最佳烘焙程度，但你应该始终问自己，"我如何才能让咖啡豆变得更好？"回答这个问题的主要工具就是多元。各位不仅可以将不同物种和品种的咖啡拼配在一起，还可以将多种温度烘焙的咖啡豆进行拼配。

　　花点时间去查一下手边咖啡的基因资料。千万不要因为肯特或维拉罗伯都属于阿拉比卡种，甚至可能来自同一种植区域，就认为它们一定与铁皮卡品种相似。肯特或维拉罗伯等品种的遗传基因与风味表现源自波旁分支，它们的特性与铁皮卡分支相当不同。比如，你可以尝试用酸度低的卡杜拉或黄波旁来平衡肯特的酸度。接着，可以尝试超越品种，加入完全不同的咖啡物种，比如罗布斯塔或艾克赛尔莎。然后，你就会进入美国目前几乎未知的领域（但在世界其他地方已经比较常见），因此你的创造也将是独特的。独特的咖啡物种或品种中的一小部分可能会对你的创造大有帮助。尝试将10%～15%的豆子换成独特的咖啡品种，比如艾克赛尔莎、帝莫、卡蒂莫，看看咖啡的整体风味表现会如何转换成更完整，且更复杂丰富的模样。

多元温度烘焙拼配

我发现美国的烘焙师通常会轻视多元温度烘焙咖啡豆的拼配，并相信将浅度烘焙或中度烘焙与深度烘焙的咖啡豆拼配后，会使其丧失主要鲜明的风味轮廓。这种说法通常是正确的，也是明智的建议。但是，不同烘焙温度的咖啡豆拼配在风味平衡方面扮演了关键的角色：50%浅度烘焙与50%深度烘焙的咖啡豆拼配起来可能会产生一杯糟糕的咖啡，但80%浅度烘焙与20%深度烘焙的咖啡豆拼配起来却可能会创造出一杯干净、鲜明、果香浓郁，并混着怡人焦糖、奶油与巧克力调性等后腭风味的美妙咖啡。你也可以从最初的几小口和回味中得到不同的体验。这种意想不到的多层风味会是一个令人愉快的惊喜。

多元温度烘焙咖啡的拼配在欧洲更为常见，因此通常被称为"欧洲烘焙"。当你用不同烘焙温度的咖啡豆进行拼配，巧妙地尝试微妙平衡时，虽然不是真正的创造烘焙咖啡新境界，也有可能为当地消费者提供了从未见过的新事物。

大步向前，继续烘焙！

带着你学到的知识，不要害怕独自去尝试和学习。保持乐趣！即使是在大批量商业烘焙公司工作背负了最大压力的拼配师，也需要保持冒险精神和尝试新事物的意愿。当乐趣消失时，创新和快乐也随之消失，而这正是让我们偶尔能创造出最棒成品的关键。

装满未烘焙咖啡
生豆的粗麻袋

致 谢

我要感谢我的女儿梅兰妮·韦斯伯格。她的写作与编辑为我们所有的线上工作贡献了很大力量，同时也感谢她协助编辑这本书。

我还要感谢我的烘焙伙伴和合作者——皮特·哈金斯。他追寻不为人知的更好的咖啡（和啤酒），让我的目光不只停留在熟悉和已知的地方，而是停留在拓宽到地平线之外——下一个伟大事物等待被发现的地方。

我要感谢许多咖啡生产者，他们为我提供了许多咖啡农场的图片，帮助我展示了道德生产、环境可持续的咖啡种植方式的益处和前景。

关于作者

伦·布劳特自从儿时因为在墙上用蜡笔画画被父母打的时候开始，就在写作和进行艺术创作了。他撰写了200多篇说明文，曾任著名广告公司的艺术总监、创意总监和文案撰写人。在创建咖啡在线商店之前，他创立并经营了一家设计和通信公司17年。他到现在仍然会为高中时因新闻而获得的康科迪亚新闻奖和《波士顿环球报》授予他的最佳高中报纸编辑奖杯掸灰。

自2005年起，他开始经营一个在线咖啡网站，并举办了多次咖啡冲泡和烘焙的研讨会。《越南经济时报》将他评为"将越南咖啡文化带到美国的人"。目前，他的公司支持有助于防止菲律宾利比里亚咖啡灭绝的项目和扩大咖啡产业直接贸易的举措。他的个人使命是帮助保护咖啡基因组的多样性，并帮助咖啡种植者种植能更好适应气候变暖和枯萎病（当气候变暖时，枯萎病会向更高海拔的咖啡种植区发展）的替代品种来抵御气候变化。他认为咖啡是一种蕴含巨大潜力的商品，可以改善全世界数百万人的生活。